U0363349

中华人民共和国住房和城乡建设部

全国园林绿化养护概算定额

ZYA 2(II-21-2018)

中国计划出版社

2018 北京

图书在版编目（CIP）数据

全国园林绿化养护概算定额：ZYA 2(Ⅱ-21-2018)/
住房和城乡建设部标准定额司，住房和城乡建设部城市建
设司主编. -- 北京：中国计划出版社，2018.3
ISBN 978-7-5182-0832-6

Ⅰ.①全… Ⅱ.①住… ②住… Ⅲ.①园林植物—园
艺管理—概算定额—中国 Ⅳ.①S688.05

中国版本图书馆CIP数据核字(2018)第038135号

全国园林绿化养护概算定额
ZYA 2(Ⅱ-21-2018)

住房和城乡建设部标准定额司
　　　　　　　　　　　　　　　主编
住房和城乡建设部城市建设司

中国计划出版社出版发行
网址：www.jhpress.com
地址：北京市西城区木樨地北里甲 11 号国宏大厦 C 座 3 层
邮政编码：100038　电话：(010) 63906433（发行部）
北京汇瑞嘉合文化发展有限公司印刷

880mm×1230mm　1/16　6.25 印张　168 千字
2018 年 3 月第 1 版　2018 年 3 月第 1 次印刷
印数 1—8000 册

ISBN 978-7-5182-0832-6
定价：48.00 元

主编部门：中华人民共和国住房和城乡建设部

批准部门：中华人民共和国住房和城乡建设部

施行日期：２０１８年３月１２日

住房城乡建设部关于印发
《全国园林绿化养护概算定额》的通知

建标〔2018〕4号

各省、自治区住房城乡建设厅，直辖市住房城乡建设（园林绿化）主管部门、计划单列市住房城乡建设（园林绿化）主管部门，新疆生产建设兵团建设局，中央军委后勤保障部军事设施建设局，国务院有关部门，有关行业协会，有关单位：

为深入贯彻落实党的十九大精神，推进绿色发展，全面推进园林绿化建设，满足人民日益增长的优美生态环境需要，建设美丽中国，我部组织编制了《全国园林绿化养护概算定额》，现批准发布，编号为ZYA 2（Ⅱ-21-2018），自2018年3月12日起正式实施。

本定额把提高园林绿化的质量和效益作为目标，是规范园林绿化养护资金管理、确定全过程价格的依据。各级园林绿化行政管理部门在城镇规划区范围内各类绿地日常养护管理的预算编制、结算支付以及园林绿化养护招投标活动中，要加强本定额的贯彻实施。同时，我部将组织开展宣传贯彻活动，请各省级园林绿化主管部门结合本地区实际做好组织安排。执行中有何问题和建议，请及时反馈我部城市建设司。

本定额由我部标准定额研究所组织中国计划出版社公开出版发行。

中华人民共和国住房和城乡建设部
2018年1月9日

总　说　明

一、定额内容

《全国园林绿化养护概算定额》(以下简称本定额),内容如下:

第一章　一级绿地养护;

第二章　二级绿地养护;

第三章　三级绿地养护;

第四章　其他绿化养护;

第五章　建筑、小品维护;

第六章　设备、设施维护;

第七章　保障措施项目。

二、定额作用

本定额是园林绿化养护主管部门计算和申请年度日常养护费用的依据,是园林绿化养护费用拨款部门核拨养护费用的基础,也是园林绿化养护招投标活动中消耗量最高限额的标准。

三、适用范围

适用于城市规划区范围内政府投资的各类园林绿化养护管理,其他园林绿化养护管理参照执行。

四、编制依据

本定额依据国家及有关部门发布的行业规范、标准、规程,现行的工程计价规范和计算规定以及相关地区专业定额和典型的工程资料,按照"量价分离"的原则进行编制。

五、编制条件

本定额是按正常的施工条件,合格的产品和材料,国内大多数施工企业采用的施工方法、机械配置和合理的劳动组织为基础进行编制的。

六、工作内容

本定额中的工作内容包含了主要的施工工序,次要工序虽未说明但已包括在项目工作内容内。

七、时间单位

本定额除项目注明者外,均以"年"为时间单位。

八、关于人工、材料、机械消耗量的说明

(一)人工。

1.本定额中的人工以综合工日表示。其中包括技术工种和普通工种的人工消耗量。

2.本定额中的人工消耗量包括基本用工、超运距用工,辅助用工和人工幅度差在内的人工消耗量。

3.本定额中的人工按8小时工作制为基准。

(二)材料。

1.本定额中的材料、设备、成品、构件等均应完整无损,符合设计和产品质量标准。

2.本定额中的材料消耗量均已包括净用量和损耗量。

损耗量指材料运输损耗、操作损耗、堆放等各种损耗因素。

3.本定额中的周转性材料均按不同施工方法、材质,计算出一次性的摊销量,已包括在定额项目消耗量中,不作调整。

4.本定额中所列材料均为主要材料,其他用量少、价值低、易损耗的零星材料已包括在其他材料费中。

(三)机械。

1.本定额中的机械按普遍采用的常规施工方法,结合施工实际情况综合取定。

2. 本定额中的机械以主要机械为主,辅助机械台班消耗量已包括在主要机械中。

3. 凡单位价值在 2000 元以内,使用年限在一年以内的不构成固定资产的施工机械,不列入机械台班消耗量内,作为工器具费用在企业管理费中列支。

九、运输费用

运输费用包括水平运输和垂直运输的费用。

园林绿化养护工程的流动性较大,本定额项目中的运输费用已做综合考虑取定,运输费用均不作调整。

十、项目运用

(一)立体绿化养护定额项目的运用。

立体绿化养护定额项目可分为两大类,即屋顶绿化和垂直绿化定额项目。

1. 屋顶绿化养护项目。

依据园林植物分类、规格,分别套用本定额第一章"一级绿地养护"相应的定额项目,同时根据不同的养护方式,采用不同系数,对人工和用水量作相应的调整。

2. 垂直绿化养护项目。

依据本定额第四章"其他绿化养护"第四节"立体绿化养护"项目要求,套用相应的定额项目。

(二)成活期养护消耗量的调整。

1. 本定额为园林绿化保存期养护费用的计算项目,按年费用计算。依据全国劳动定额(2008)规定,成活期养护费用按月份数计算其养护费用。

2. 成活期养护费用的计算。

(1)按园林绿地实际苗木数量、规格,套用相应养护等级的定额项目,计算其保存期养护费用。

(2)绿地的成活期养护费用 = 保存期养护费用/12 个月 × 相应的成活期养护月数量 × 1.25。

(三)肥料、药剂消耗量。

1. 肥料:必须以无公害肥料为主,以"kg"为单位计量。

2. 药剂:必须以无公害药剂为主。药剂取用原药药剂,以"kg"为单位计量。

(四)水消耗量的调整。

本定额绿化养护项目中用水量,依据年平均降水量 1100mm 为基础确定其用水量的,各地区降水量不同,可根据本地区的实际情况,用系数方法调整。

(五)维护率说明。

1. 维护率适用于本定额第五章 ~ 第七章非植物元素,维护其正常使用功能所需的概算费用。

2. 维护率通常分为两种:5 年以内和 5 年以上,5 年以内的维护率相对较小;5 年以上的维护率相对较大,已考虑以下因素:

(1)5 年以后维修费用相对较大;

(2)5 年以后相对物价涨价因素。

3. 维护费用。

设备、设施维护费用 = 设备、设施工程总价 × 维护率。

依据定额规定:该费用中 40% 作为人工维修费用,60% 作为维修材料费用。

十一、定额消耗量配价

本定额为概算消耗量基础定额,人工、材料、机械价格采用动态管理的方法。其单价以本地区主管部门发布的信息价为基础,进行概算费用的计算。

十二、费率标准

本定额费率计算以定额费用为基础,其费率费用的计算依据国家有关规定执行,应纳入当地的建设工程费率管理体系。

结合本地区费用特点,由当地建设造价管理部门确定设立相应的费用项目和费率标准。

十三、其他说明

1. 植物元素和非植物元素的面积计算按园林绿化建设工程预算定额计算规则执行。

2. 本定额未包括各种自然灾害造成的抢救费用,若发生,应根据不同的损害程度,另行申请相应的专项费用。

3. 本定额未包括一般日常养护费用以外的重大节日庆典或专题展览所发生的费用,若发生,按实际情况另行申请专项费用。

4. 本定额未包括各种保险费用,若需要可根据当地保险项目的规定,另行申请相应的专项费用。

5. 山地和高原地区。

山地地区、超过海拔2000m以上地区,由各地区结合山地、高原特殊情况,自行制订调整办法。

6. 本定额缺项内容,若需补充应根据当地的自然条件和地理环境,由当地定额管理部门,编制相应的补充项目。

7. 两个以上系数的计算。

采用连乘方法计算。

8. 项目规格说明。

本定额中注有"××以内"或"××以下"及"小于"者均包括××本身;"××以外"或"××以上"及"大于"者均不包括××本身。

9. 凡本说明未尽事宜,详见各章说明和其他相关规定。

目　录

第一章　一级绿地养护

说　明

一、适用范围

本章内容适用于一级绿地养护概算费用的计算。

二、项目组成

本章共 10 节 44 个定额项目,包括乔木、灌木、绿篱、竹类、球形植物、攀缘植物、地被植物、花坛花境、草坪、水生植物养护等项目内容。其中:

第一节"乔木"有 10 个定额项目,包括常绿乔木、落叶乔木。

第二节"灌木"有 8 个定额项目,包括常绿灌木、落叶灌木。

第三节"绿篱"有 9 个定额项目,包括绿篱单排、绿篱双排、绿篱片植。

第四节"竹类"有 3 个定额项目,包括地被竹、散生竹、丛生竹。

第五节"球形植物"有 3 个定额项目,包括 3 种不同的蓬径规格。

第六节"攀缘植物"有 1 个定额项目。

第七节"地被植物"有 1 个定额项目。

第八节"花坛花境"有 3 个定额项目,包括花坛、花境、立体花坛。

第九节"草坪"有 3 个定额项目,包括暖季型(满铺)、冷季型(满铺)、混合型(满铺)。

第十节"水生植物"有 3 个定额项目,包括塘植、盆(缸)植、浮岛。

三、综合说明

(一)人工、材料、机械台班耗用量取定,依据不同的园林植物分类、苗木冠丛覆盖面积以及养护难度为基础分别取定。

(二)依据全国《园林绿化养护概算定额编制·基础数据问卷调查表》等资料,调查所得的各地定额消耗量平均水平,平衡后综合取定。

四、项目说明

(一)乔木。

是园林中体量最大的植物,通常分枝点高,具有单一的树干,而且树干和树冠有明显的区分,可分为常绿乔木和落叶乔木。

(二)灌木。

属于中等大小的植物,通常多呈丛生状态,无明显主干,分枝点离地面较近;亦有常绿、落叶之分。若灌木成片种植,可参考绿篱片植项目计算费用。

(三)绿篱。

一般以常绿灌木为主。采用株行距密植的方法,可分为单排、双排、片植(三排以上含三排)等不同的种植形式,起到阻隔作用。

(四)竹类。

属禾本科竹亚科植物,秆木质,通常浑圆有节,皮翠绿色为主,是一种观赏价值和经济价值都极高的植物类群。

(五)球形植物。

经人工修剪、培育、养护,保持特定外形(一般以球形为主)的园林植物。

(六)攀缘植物。

指具有细长茎蔓,并借助卷须、缠绕茎、吸盘或吸附根等特殊器官,依附于其他物体才能使自身攀缘上升的植物。

(七)地被植物。

指植株低矮、枝叶密集,具有较强扩展能力,能迅速覆盖裸露平地或坡地的植物,一般高度不超过60cm。

（八）花坛花境。

本项目包括花坛和花境以及立体花坛。其中:

1. 花坛是指在植床内运用花卉植物表现图案式的配植方式。

2. 花境是指园林绿地中一种特殊的种植形式,成带状自然式花卉布置,是模拟自然界中林地边缘地带多种野生花卉交错生长的状态,运用艺术手法提炼、设计成的一种花卉应用形式。

3. 立体花坛:指重叠式花坛,以花卉栽植为主。

（九）草坪。

指需定期轧剪的覆盖地表的低矮草层。大多选用质地纤细,耐践踏的禾本科植物为主。

（十）水生植物。

指喜欢生长在潮湿地和水中的园林植物,包括挺水植物、浮叶植物、沉水植物和漂浮植物。

五、项目换算

1. 本章定额项目中,未包括因养护需要新增的苗木、花卉等材料费用;少量零星苗木的调整移植费用已包括在定额项目中。

2. 定额项目除说明者外,消耗量均不作调整。

工程量计算规则

一、工程量计算依据

（一）依据本章定额项目规定的工作内容、规格和计量单位确立费用计算项目。

（二）依据养护绿地内的实际存量，统计该养护工程实际工作量。凡是绿地中构筑物（窨井、设备设施基础等）、建筑、小品等面积小于$1m^2$的，不作扣除。

二、工程量计算规定

（一）乔木养护工程量计算。

乔木养护分常绿乔木和落叶乔木两种。均根据胸径大小分为10cm以内、20cm以内、30cm以内、40cm以内、40cm以上五种规格统计工程量。

（二）灌木养护工程量计算。

灌木养护分常绿灌木和落叶灌木两种。均根据冠丛高度分为高度在100cm以内、200cm以内、300cm以内、300cm以上四种规格。

（三）绿篱养护工程量计算。

绿篱养护按不同的种植方式，分为单排、双排、片植三种。其中，片植指三排以上含三排的种植方式。

规格划分根据冠丛高度分为高度在100cm以内、200cm以内、200cm以上三个档次。

（四）竹类养护工程量计算。

竹类养护分为地被竹、散生竹、丛生竹三种类型。

（五）球形植物养护工程量计算。

本项目球形植物以蓬径分为100cm以内、200cm以内、200cm以上三种规格。

（六）攀缘植物养护工程量计算。

攀缘植物养护包括墙体、藤架、廊架等处攀缘植物的养护。

（七）地被植物养护工程量计算。

地被植物以覆盖面积进行计算。

（八）花坛、花境养护工程量计算。

花坛养护分为花坛、花境、立体花坛三种类型，养护面积均按植物的覆盖面积计算。

（九）草坪养护工程量计算。

草坪养护分为暖季型、冷季型、混合型三种，均以满铺方式进行计量单位计算。

（十）水生植物养护工程量计算。

水生植物养护分为塘植、盆植、浮岛三种类型。

三、计量单位规定

（一）按10株为计量单位。

1.乔木。

2.灌木。

3.球形植物。

（二）按$10m^2$或$10m^2$展开面积为计量单位。

1.绿篱养护工程中片植。

2.竹类养护中的地被竹、散生竹。

3.攀缘植物。

4.地被植物。

5. 花坛花境。

6. 草坪。

7. 水生植物养护中的塘植、浮岛。

（三）按 10m 为计量单位。

绿篱养护工程中的单排、双排项目。

（四）按 10 丛或 10 盆（缸）为计量单位。

1. 竹类养护中的丛生竹。

2. 水生植物养护中的盆（缸）植。

1.乔 木

工作内容： 浇水排水、施肥修剪、松土除草、竖桩维护、除虫保洁、调整移植。

定额编号		单位	1-1-1	1-1-2	1-1-3	1-1-4
项 目			乔木（常绿）			
			胸径（cm 以内）			
			10	20	30	40
			10 株	10 株	10 株	10 株
人工	综合人工	工日	3.4780	6.9982	11.3012	15.9232
材料	水	m³	2.8194	5.8466	8.8004	11.7543
	肥料	kg	5.8579	6.5088	7.2320	7.9552
	药剂	kg	0.5876	0.6531	0.7243	0.7978
	其他材料费	%	5.0000	5.0000	5.0000	5.0000
机械	洒水车4000L	台班	0.0836	0.0927	0.1028	0.1130

工作内容： 浇水排水、施肥修剪、松土除草、竖桩维护、除虫保洁、调整移植。

定额编号		单位	1-1-5
项 目			乔木（常绿）
			胸径（cm 以上）
			40
			10 株
人工	综合人工	工日	20.8650
材料	水	m³	14.7058
	肥料	kg	8.7507
	药剂	kg	0.8769
	其他材料费	%	5.0000
机械	洒水车4000L	台班	0.1254

工作内容： 浇水排水、施肥修剪、松土除草、竖桩维护、除虫保洁、调整移植。

定额编号		单位	1-1-6	1-1-7	1-1-8	1-1-9
项 目			乔木（落叶）			
			胸径（cm 以内）			
			10	20	30	40
			10 株	10 株	10 株	10 株
人工	综合人工	工日	5.5363	7.6985	12.4318	17.3323
材料	水	m³	2.0148	4.1855	6.3608	8.6547
	肥料	kg	7.3224	8.0569	9.0400	9.9440
	药剂	kg	0.6531	0.7243	0.8057	0.8859
	其他材料费	%	5.0000	5.0000	5.0000	5.0000
机械	洒水车4000L	台班	0.0960	0.1085	0.1187	0.1322

工作内容:浇水排水、施肥修剪、松土除草、竖桩维护、除虫保洁、调整移植。

定额编号			1－1－10
项　目	单位		乔木(落叶)
			胸径(cm 以上)
			40
			10 株
人工	综合人工	工日	22.9512
材料	水	m³	11.0299
	肥料	kg	10.9384
	药剂	kg	0.9752
	其他材料费	%	5.0000
机械	洒水车 4000L	台班	0.1458

2. 灌　木

工作内容:浇水排水、施肥修剪、松土除草、竖桩维护、除虫保洁、调整移植。

定额编号			1－2－1	1－2－2	1－2－3	1－2－4
项　目	单位		灌木(常绿)			
			灌丛高度(cm 以内)			灌丛高度(cm 以上)
			100	200	300	300
			10 株	10 株	10 株	10 株
人工	综合人工	工日	0.3696	1.3009	2.7034	4.2259
材料	水	m³	0.3661	0.6039	0.8950	1.0292
	肥料	kg	3.2544	3.9776	4.8129	5.5349
	药剂	kg	0.4638	0.5668	0.6861	0.7891
	其他材料费	%	5.0000	5.0000	5.0000	5.0000
机械	洒水车 4000L	台班	0.0579	0.0705	0.0850	0.1211

工作内容:浇水排水、施肥修剪、松土除草、竖桩维护、除虫保洁、调整移植。

定额编号			1－2－5	1－2－6	1－2－7	1－2－8
项　目	单位		灌木(落叶)			
			灌丛高度(cm 以内)			灌丛高度(cm 以上)
			100	200	300	300
			10 株	10 株	10 株	10 株
人工	综合人工	工日	0.9390	2.0486	3.3834	5.1340
材料	水	m³	0.2929	0.4827	0.7160	0.8299
	肥料	kg	4.5562	5.5686	6.7384	7.7492
	药剂	kg	0.5225	0.6373	0.7720	0.8878
	其他材料费	%	5.0000	5.0000	5.0000	5.0000
机械	洒水车 4000L	台班	0.0741	0.0904	0.1103	0.1214

3. 绿 篱

工作内容：浇水排水、施肥修剪、松土除草、除虫保洁、调整移植。

定额编号		1－3－1	1－3－2	1－3－3
项 目	单位	绿篱（单排）		
		高度（cm 以内）		高度（cm 以上）
		100	200	200
		10m	10m	10m
人工 综合人工	工日	0.2315	0.2834	0.3112
材料 水	m³	0.6712	2.2374	4.6782
肥料	kg	2.1029	2.5707	2.8273
药剂	kg	0.0508	0.0621	0.0689
其他材料费	%	5.0000	5.0000	5.0000
机械 洒水车4000L	台班	0.0158	0.0192	0.0215

工作内容：浇水排水、施肥修剪、松土除草、除虫保洁、调整移植。

定额编号		1－3－4	1－3－5	1－3－6
项 目	单位	绿篱（双排）		
		高度（cm 以内）		高度（cm 以上）
		100	200	200
		10m	10m	10m
人工 综合人工	工日	0.3468	0.4245	0.5307
材料 水	m³	0.8950	3.7584	4.6980
肥料	kg	3.1550	3.8556	4.8194
药剂	kg	0.0701	0.0848	0.1059
其他材料费	%	5.0000	5.0000	5.0000
机械 洒水车4000L	台班	0.0215	0.0260	0.0325

工作内容：浇水排水、施肥修剪、松土除草、除虫保洁、调整移植。

定额编号		1－3－7	1－3－8	1－3－9
项 目	单位	绿篱（片植）		
		高度（cm 以内）		高度（cm 以上）
		100	200	200
		10m²	10m²	10m²
人工 综合人工	工日	0.8866	1.0834	1.3543
材料 水	m³	2.6849	3.2815	4.1019
肥料	kg	3.1550	3.8556	4.8194
药剂	kg	0.0768	0.0949	0.1187
其他材料费	%	5.0000	5.0000	5.0000
机械 洒水车4000L	台班	0.0260	0.0316	0.0396

4. 竹　类

工作内容:浇水排水、施肥修剪、松土除草、除虫保洁、调整移植。

定　额　编　号		1 – 4 – 1	1 – 4 – 2	1 – 4 – 3
项　　目	单位	竹类		
		地被竹	散生竹	丛生竹
		10m²	10m²	10丛
人工　综合人工	工日	0.5888	0.7281	1.2886
材料　水	m³	0.8396	1.6781	2.9700
肥料	kg	1.8927	2.3368	4.1300
药剂	kg	0.0463	0.0565	0.1000
其他材料费	%	5.0000	5.0000	5.0000
机械　洒水车 4000L	台班	0.0147	0.0181	0.0320

5. 球 形 植 物

工作内容:浇水排水、整形修剪、施肥松土、防治虫害、除草保洁、调整移植。

定　额　编　号		1 – 5 – 1	1 – 5 – 2	1 – 5 – 3
项　　目	单位	球形植物		
		蓬径(cm 以内)		蓬径(cm 以上)
		100	200	
		10 株	10 株	10 株
人工　综合人工	工日	1.0153	3.4857	7.6302
材料　水	m³	0.9458	1.4125	1.8882
肥料	kg	6.5902	8.1360	9.9440
药剂	kg	0.7040	0.8701	1.0633
其他材料费	%	5.0000	5.0000	5.0000
机械　洒水车 4000L	台班	0.0870	0.1085	0.1322

6. 攀 缘 植 物

工作内容:浇水排水、施肥修剪、松土除草、攀附牵引、除虫保洁、调整移植。

定　额　编　号		1 – 6 – 1
项　　目	单位	攀缘植物
		覆盖面积
		10m²
人工　综合人工	工日	1.8979
材料　水	m³	0.9582
肥料	kg	5.4240
药剂	kg	0.7797
其他材料费	%	5.0000
机械　洒水车 4000L	台班	0.0960

7. 地 被 植 物

工作内容:浇水排水、施肥修剪、松土除草、除虫保洁、调整移植。

定 额 编 号			1 - 7 - 1
项　　目		单位	地被植物
			覆盖面积
			10m²
人工	综合人工	工日	1.0288
材料	水	m³	0.5594
	肥料	kg	3.5053
	药剂	kg	0.0859
	其他材料费	%	5.0000
机械	洒水车 4000L	台班	0.0192

8. 花 坛 花 境

工作内容:浇水排水、施肥修剪、松土除草、除虫保洁、调整移植。

定 额 编 号			1 - 8 - 1	1 - 8 - 2	1 - 8 - 3
项　　目		单位	花坛花境		
			花坛	花境	立体花坛
			10m²	10m²	10m²
人工	综合人工	工日	1.1776	0.9643	2.1842
材料	水	m³	3.3086	1.9470	6.6173
	肥料	kg	7.7111	7.0105	8.4829
	药剂	kg	0.0949	0.0859	0.1040
	其他材料费	%	5.0000	5.0000	5.0000
机械	洒水车 4000L	台班	0.0316	0.0294	0.0350

9. 草　　坪

工作内容:浇水排水、施肥修剪、松土除草、切边整形、除虫保洁、调整移植。

定 额 编 号			1 - 9 - 1	1 - 9 - 2	1 - 9 - 3
项　　目		单位	草坪(满铺)		
			暖季型	冷季型	混合型
			10m²	10m²	10m²
人工	综合人工	工日	0.6109	0.7942	1.1325
材料	水	m³	1.1933	1.4317	1.5052
	肥料	kg	2.8047	3.3651	2.8395
	药剂	kg	0.0463	0.0689	0.0580
	其他材料费	%	5.0000	5.0000	5.0000
机械	洒水车 4000L	台班	0.0339	0.0497	0.0386

10. 水 生 植 物

工作内容:清除枯叶、分株复壮、调换盆(缸)、调整移植等。

定 额 编 号			1-10-1	1-10-2	1-10-3
项　　目		单位	水生植物		
			塘植	盆(缸)植	浮岛
			10m²	10 盆(缸)	10m²
人工	综合人工	工日	0.6849	1.5139	0.8023
材料	肥料	kg	3.6160	5.4240	—
	药剂	kg	0.4260	0.6373	0.3627
	其他材料费	%	5.0000	5.0000	5.0000

第二章　二级绿地养护

说　明

一、适用范围

本章内容适用于二级绿地养护概算费用的计算。

二、项目组成

本章共 10 节 44 个定额项目,包括乔木、灌木、绿篱、竹类、球形植物、攀缘植物、地被植物、花坛花境、草坪、水生植物养护等项目内容。其中:

第一节"乔木"有 10 个定额项目,包括常绿乔木、落叶乔木。

第二节"灌木"有 8 个定额项目,包括常绿灌木、落叶灌木。

第三节"绿篱"有 9 个定额项目,包括绿篱单排、绿篱双排、绿篱(片植)。

第四节"竹类"有 3 个项目,包括地被竹、散生竹、丛生竹。

第五节"球形植物"有 3 个定额项目,包括植物不同的蓬径大小划分项目。

第六节"攀缘植物"有 1 个定额项目。

第七节"地被植物"有 1 个定额项目。

第八节"花坛花境"有 3 个定额项目,包括花坛、花境、立体花坛。

第九节"草坪"有 3 个定额项目,包括暖季型(满铺)、冷季型(满铺)、混合型(满铺)。

第十节"水生植物"有 3 个定额项目,包括塘植、盆(缸)植、浮岛。

三、综合说明

(一)人工、材料、机械台班耗用量取定,依据不同的园林植物分类、苗木冠丛覆盖面积以及养护难度为基础分别取定。

(二)依据全国《园林绿化养护概算定额编制·基础数据问卷调查表》等资料,调查所得的各地定额消耗量平均水平,平衡后综合取定。

四、项目说明

(一)乔木。

是园林中体量最大的植物,通常分枝点高,具有单一的树干,而且树干和树冠有明显的区分,可分为常绿乔木和落叶乔木。

(二)灌木。

属于中等大小的植物,通常多呈丛生状态,无明显主干,分枝点离地面较近;亦有常绿、落叶之分。若灌木成片种植,可参考绿篱片植项目计算费用。

(三)绿篱。

一般以常绿灌木为主。采用株行距密植的方法,可分为单排、双排、片植(三排以上含三排)等不同的种植形式,起到阻隔作用。

(四)竹类。

属禾本科竹亚科植物,秆木质,通常浑圆有节,皮翠绿色为主,是一种观赏价值和经济价值都极高的植物类群。

(五)球形植物。

经人工修剪、培育、养护,保持特定外形(一般以球形为主)的园林植物。

(六)攀缘植物。

指具有细长茎蔓,并借助卷须、缠绕茎、吸盘或吸附根等特殊器官,依附于其他物体才能使自身攀缘上升的植物。

(七)地被植物。

指植株低矮、枝叶密集,具有较强扩展能力,能迅速覆盖裸露平地或坡地的植物,一般高度不超过60cm。

(八)花坛花境。

本项目包括花坛和花境以及立体花坛。其中:

1. 花坛是指在植床内运用花卉植物表现图案式的配植方式。

2. 花境是指园林绿地中一种特殊的种植形式,成带状自然式花卉布置,是模拟自然界中林地边缘地带多种野生花卉交错生长的状态,运用艺术手法提炼、设计成的一种花卉应用形式。

3. 立体花坛:指重叠式花坛,以花卉栽植为主。

(九)草坪。

指需定期轧剪的覆盖地表的低矮草层。大多选用质地纤细,耐践踏的禾本科植物为主。

(十)水生植物。

指喜欢生长在潮湿地和水中的园林植物,包括挺水植物、浮叶植物、沉水植物和漂浮植物。

五、项目换算

1. 本章定额项目中,未包括因养护需要新增的苗木、花卉等材料费用;少量零星苗木的调整移植费用已包括在定额项目中。

2. 定额项目除说明者外,消耗量均不作调整。

工程量计算规则

一、工程量计算依据

(一)依据本章定额项目规定的工作内容、规格和计量单位确立费用计算项目。

(二)依据养护绿地内的实际存量,统计该养护工程实际工作量。凡是绿地中构筑物(窨井、设备设施基础等)、建筑、小品等面积小于 $1m^2$ 的,不作扣除。

二、工程量计算规定

(一)乔木养护工程量计算。

乔木养护分常绿乔木和落叶乔木两种。均根据胸径大小分为 10cm 以内、20cm 以内、30cm 以内、40cm 以内、40cm 以上五种规格统计工程量。

(二)灌木养护工程量计算。

灌木养护分常绿灌木和落叶灌木两种。均根据冠丛高度分为高度在 100cm 以内、200cm 以内、300cm 以内、300cm 以上四种规格。

(三)绿篱养护工程量计算。

绿篱养护按不同的种植方式,分为单排、双排、片植三种。其中,片植指三排以上含三排的种植方式。

规格划分根据冠丛高度分为高度在 100cm 以内、200cm 以内、200cm 以上三个档次。

(四)竹类养护工程量计算。

竹类养护分为地被竹、散生竹、丛生竹三种类型。

(五)球形植物养护工程量计算。

本项目球形植物以蓬径分为 100cm 以内、200cm 以内、200cm 以上三种规格。

(六)攀缘植物养护工程量计算。

攀缘植物养护包括墙体、藤架、廊架等处攀缘植物的养护。

(七)地被植物养护工程量计算。

地被植物以覆盖面积进行计算。

(八)花坛、花境养护工程量计算。

花坛养护分为花坛、花境、立体花坛三种类型,养护面积均按植物的覆盖面积计算。

(九)草坪养护工程量计算。

草坪养护分为暖季型、冷季型、混合型三种,均以满铺方式进行计量单位计算。

(十)水生植物养护工程量计算。

水生植物养护分为塘植、盆植、浮岛三种类型。

三、计量单位规定

(一)按 10 株为计量单位。

1. 乔木。

2. 灌木。

3. 球形植物。

(二)按 $10m^2$ 或 $10m^2$ 展开面积为计量单位。

1. 绿篱养护工程中片植。

2. 竹类养护中的地被竹、散生竹。

3. 攀缘植物。

4. 地被植物。

5. 花坛花境。

6. 草坪。

7. 水生植物养护中的塘植、浮岛。

（三）按 10m 为计量单位。

绿篱养护工程中的单排、双排项目。

（四）按 10 丛或 10 盆（缸）为计量单位。

1. 竹类养护中的丛生竹。

2. 水生植物养护中的盆（缸）植。

1. 乔 木

工作内容:浇水排水、施肥修剪、松土除草、竖桩维护、除虫保洁、调整移植。

定 额 编 号			2 - 1 - 1	2 - 1 - 2	2 - 1 - 3	2 - 1 - 4
项 目		单位	乔木(常绿)			
			胸径(cm 以内)			
			10	20	30	40
			10 株	10 株	10 株	10 株
人工	综合人工	工日	2.6162	5.2641	8.5009	11.9776
材料	水	m³	2.1208	4.3979	6.6198	8.8417
	肥料	kg	4.4064	4.8960	5.4400	5.9840
	药剂	kg	0.4420	0.4913	0.5448	0.6001
	其他材料费	%	5.0000	5.0000	5.0000	5.0000
机械	洒水车 4000L	台班	0.0629	0.0697	0.0774	0.0850

工作内容:浇水排水、施肥修剪、松土除草、竖桩维护、除虫保洁、调整移植。

定 额 编 号			2 - 1 - 5
项 目		单位	乔木(常绿)
			胸径(cm 以上)
			40
			10 株
人工	综合人工	工日	15.6949
材料	水	m³	11.0619
	肥料	kg	6.5824
	药剂	kg	0.6596
	其他材料费	%	5.0000
机械	洒水车 4000L	台班	0.0944

工作内容:浇水排水、施肥修剪、松土除草、竖桩维护、除虫保洁、调整移植。

定 额 编 号			2 - 1 - 6	2 - 1 - 7	2 - 1 - 8	2 - 1 - 9
项 目		单位	乔木(落叶)			
			胸径(cm 以内)			
			10	20	30	40
			10 株	10 株	10 株	10 株
人工	综合人工	工日	4.1645	5.7909	9.3514	13.0376
材料	水	m³	1.5155	3.1484	4.7847	6.5102
	肥料	kg	5.5080	6.0605	6.8000	7.4800
	药剂	kg	0.4913	0.5448	0.6060	0.6664
	其他材料费	%	5.0000	5.0000	5.0000	5.0000
机械	洒水车 4000L	台班	0.0722	0.0816	0.0892	0.0994

工作内容：浇水排水、施肥修剪、松土除草、竖桩维护、除虫保洁、调整移植。

定 额 编 号			2－1－10
项 目		单位	乔木(落叶)
			胸径(cm 以上)
			40
			10 株
人工	综合人工	工日	17.2642
材料	水	m³	8.2968
	肥料	kg	8.2280
	药剂	kg	0.7336
	其他材料费	%	5.0000
机械	洒水车 4000L	台班	0.1096

2. 灌 木

工作内容：浇水排水、施肥修剪、松土除草、竖桩维护、除虫保洁、调整移植。

定 额 编 号			2－2－1	2－2－2	2－2－3	2－2－4
项 目		单位	灌木(常绿)			
			灌丛高度(cm 以内)			灌丛高度(cm 以上)
			100	200	300	300
			10 株	10 株	10 株	10 株
人工	综合人工	工日	0.2780	0.9785	2.0335	3.1787
材料	水	m³	0.2754	0.4542	0.6732	0.7742
	肥料	kg	2.4480	2.9920	3.6203	4.1634
	药剂	kg	0.3488	0.4264	0.5161	0.5936
	其他材料费	%	5.0000	5.0000	5.0000	5.0000
机械	洒水车 4000L	台班	0.0435	0.0530	0.0639	0.0911

工作内容：浇水排水、施肥修剪、松土除草、竖桩维护、除虫保洁、调整移植。

定 额 编 号			2－2－5	2－2－6	2－2－7	2－2－8
项 目		单位	灌木(落叶)			
			灌丛高度(cm 以内)			灌丛高度(cm 以上)
			100	200	300	300
			10 株	10 株	10 株	10 株
人工	综合人工	工日	0.7064	1.5410	2.5450	3.8618
材料	水	m³	0.2203	0.3631	0.5386	0.6242
	肥料	kg	3.4272	4.1888	5.0687	5.8290
	药剂	kg	0.3930	0.4794	0.5807	0.6678
	其他材料费	%	5.0000	5.0000	5.0000	5.0000
机械	洒水车 4000L	台班	0.0558	0.0680	0.0830	0.0913

3. 绿　篱

工作内容:浇水排水、施肥修剪、松土除草、除虫保洁、调整移植。

定　额　编　号		单位	2-3-1	2-3-2	2-3-3
项　目			绿篱(单排)		
			高度(cm以内)		高度(cm以上)
			100	200	200
			10m	10m	10m
人工	综合人工	工日	0.1742	0.2132	0.2341
材料	水	m³	0.5049	1.6830	3.5190
	肥料	kg	1.5818	1.9338	2.1267
	药剂	kg	0.0382	0.0467	0.0519
	其他材料费	%	5.0000	5.0000	5.0000
机械	洒水车4000L	台班	0.0119	0.0144	0.0162

工作内容:浇水排水、施肥修剪、松土除草、除虫保洁、调整移植。

定　额　编　号		单位	2-3-4	2-3-5	2-3-6
项　目			绿篱(双排)		
			高度(cm以内)		高度(cm以上)
			100	200	200
			10m	10m	10m
人工	综合人工	工日	0.2609	0.3193	0.3992
材料	水	m³	0.6732	2.8271	3.5339
	肥料	kg	2.3732	2.9002	3.6252
	药剂	kg	0.0527	0.0638	0.0797
	其他材料费	%	5.0000	5.0000	5.0000
机械	洒水车4000L	台班	0.0162	0.0196	0.0244

工作内容:浇水排水、施肥修剪、松土除草、除虫保洁、调整移植。

定　额　编　号		单位	2-3-7	2-3-8	2-3-9
项　目			绿篱(片植)		
			高度(cm以内)		高度(cm以上)
			100	200	200
			10m²	10m²	10m²
人工	综合人工	工日	0.6669	0.8150	1.0187
材料	水	m³	2.0196	2.4684	3.0855
	肥料	kg	2.3732	2.9002	3.6252
	药剂	kg	0.0578	0.0714	0.0892
	其他材料费	%	5.0000	5.0000	5.0000
机械	洒水车4000L	台班	0.0196	0.0238	0.0297

4. 竹　类

工作内容：浇水排水、施肥修剪、松土除草、除虫保洁、调整移植。

定额编号			2-4-1	2-4-2	2-4-3
项　目		单位	竹类		
			地被竹	散生竹	丛生竹
			10m²	10m²	10丛
人工	综合人工	工日	0.4429	0.5477	1.0954
材料	水	m³	0.6315	1.2623	2.5246
	肥料	kg	1.4238	1.7578	3.5155
	药剂	kg	0.0348	0.0425	0.0850
	其他材料费	%	5.0000	5.0000	5.0000
机械	洒水车4000L	台班	0.0111	0.0136	0.0272

5. 球形植物

工作内容：浇水排水、整形修剪、施肥松土、防治虫害、除草保洁、调整移植。

定额编号			2-5-1	2-5-2	2-5-3
项　目		单位	球形植物		
			蓬径（cm以内）		蓬径（cm以上）
			100	200	200
			10株	10株	10株
人工	综合人工	工日	0.7637	2.6220	5.7395
材料	水	m³	0.7115	1.0625	1.4204
	肥料	kg	4.9572	6.1200	7.4800
	药剂	kg	0.5295	0.6545	0.7998
	其他材料费	%	5.0000	5.0000	5.0000
机械	洒水车4000L	台班	0.0654	0.0816	0.0994

6. 攀缘植物

工作内容：浇水排水、施肥修剪、松土除草、攀附牵引、除虫保洁、调整移植。

定额编号			2-6-1
项　目		单位	攀缘植物
			覆盖面积
			10m²
人工	综合人工	工日	1.4276
材料	水	m³	0.7208
	肥料	kg	4.0800
	药剂	kg	0.5865
	其他材料费	%	5.0000
机械	洒水车4000L	台班	0.0722

7. 地 被 植 物

工作内容：浇水排水、施肥修剪、松土除草、除虫保洁、调整移植。

定额编号			2-7-1
项 目		单位	地被植物
			覆盖面积
			10m²
人工	综合人工	工日	0.7738
材料	水	m³	0.4208
	肥料	kg	2.6367
	药剂	kg	0.0646
	其他材料费	%	5.0000
机械	洒水车 4000L	台班	0.0144

8. 花 坛 花 境

工作内容：浇水排水、施肥修剪、松土除草、除虫保洁、调整移植。

定额编号			2-8-1	2-8-2	2-8-3
项 目		单位	花坛花境		
			花坛	花境	立体花坛
			10m²	10m²	10m²
人工	综合人工	工日	0.8858	0.7254	1.6430
材料	水	m³	2.4888	1.4646	4.9776
	肥料	kg	5.8004	5.2734	6.3810
	药剂	kg	0.0714	0.0646	0.0782
	其他材料费	%	5.0000	5.0000	5.0000
机械	洒水车 4000L	台班	0.0238	0.0221	0.0263

9. 草 坪

工作内容：浇水排水、施肥修剪、松土除草、切边整形、除虫保洁、调整移植。

定额编号			2-9-1	2-9-2	2-9-3
项 目		单位	草坪		
			暖季型（满铺）	冷季型（满铺）	混合型（满铺）
			10m²	10m²	10m²
人工	综合人工	工日	0.4595	0.5974	0.8519
材料	水	m³	0.8976	1.0770	1.1322
	肥料	kg	2.1097	2.5313	2.1359
	药剂	kg	0.0348	0.0519	0.0436
	其他材料费	%	5.0000	5.0000	5.0000
机械	洒水车 4000L	台班	0.0255	0.0374	0.0291

10. 水 生 植 物

工作内容:清除枯叶、分株复壮、调换盆(缸)、调整移植等。

定 额 编 号		2 - 10 - 1	2 - 10 - 2	2 - 10 - 3
项 目	单位	水生植物		
		塘植	盆(缸)植	浮岛
		10m²	10 盆(缸)	10m²
人工 综合人工	工日	0.5152	1.1388	0.6035
材料 肥料	kg	2.7200	4.0800	—
药剂	kg	0.3205	0.4794	0.2728
其他材料费	%	5.0000	5.0000	5.0000

第三章　三级绿地养护

说　明

一、适用范围

本章内容适用于三级绿地养护概算费用的计算。

二、项目组成

本章共 10 节 44 个定额项目,包括乔木、灌木、绿篱、竹类、球形植物、攀缘植物、地被植物、花坛花境、草坪、水生植物养护等项目内容。其中:

第一节"乔木"有 10 个定额项目,包括常绿乔木、落叶乔木。

第二节"灌木"有 8 个定额项目,包括常绿灌木、落叶灌木。

第三节"绿篱"有 9 个定额项目,包括绿篱单排、绿篱双排、绿篱片植。

第四节"竹类"有 3 个定额项目,包括地被竹、散生竹、丛生竹。

第五节"球形植物"有 3 个定额项目,包括植物不同的蓬径大小划分项目。

第六节"攀缘植物"有 1 个定额项目。

第七节"地被植物"有 1 个定额项目。

第八节"花坛花境"有 3 个定额项目,包括花坛、花境、立体花坛。

第九节"草坪"有 3 个定额项目,包括暖季型(满铺)、冷季型(满铺)、混合型(满铺)。

第十节"水生植物"有 3 个定额项目,包括塘植、盆(缸)植、浮岛。

三、综合说明

(一)人工、材料、机械台班耗用量取定,依据不同的园林植物分类、苗木冠丛覆盖面积以及养护难度为基础分别取定。

(二)依据全国《园林绿化养护概算定额编制·基础数据问卷调查表》等资料,调查所得的各地定额消耗量平均水平,平衡后综合取定。

四、项目说明

(一)乔木。

是园林中体量最大的植物,通常分枝点高,具有单一的树干,而且树干和树冠有明显的区分,可分为常绿乔木和落叶乔木。

(二)灌木。

属于中等大小的植物,通常多呈丛生状态,无明显主干,分枝点离地面较近;亦有常绿、落叶之分。若灌木成片种植,可参考绿篱片植项目计算费用。

(三)绿篱。

一般以常绿灌木为主。采用株行距密植的方法,可分为单排、双排、片植(三排以上含三排)等不同的种植形式,起到阻隔作用。

(四)竹类。

属禾本科竹亚科植物,秆木质,通常浑圆有节,皮翠绿色为主,是一种观赏价值和经济价值都极高的植物类群。

(五)球形植物。

经人工修剪、培育、养护,保持特定外形(一般以球形为主)的园林植物。

(六)攀缘植物。

指具有细长茎蔓,并借助卷须、缠绕茎、吸盘或吸附根等特殊器官,依附于其他物体才能使自身攀缘上升的植物。

(七)地被植物。

指植株低矮、枝叶密集,具有较强扩展能力,能迅速覆盖裸露平地或坡地的植物,一般高度不超过 60cm。

（八）花坛花境。

本项目包括花坛和花境以及立体花坛。其中:

1. 花坛是指在植床内运用花卉植物表现图案式的配植方式。

2. 花境是指园林绿地中一种特殊的种植形式,成带状自然式花卉布置,是模拟自然界中林地边缘地带多种野生花卉交错生长的状态,运用艺术手法提炼、设计成的一种花卉应用形式。

3. 立体花坛:指重叠式花坛,以花卉栽植为主。

（九）草坪。

指需定期轧剪的覆盖地表的低矮草层。大多选用质地纤细,耐践踏的禾本科植物为主。

（十）水生植物。

指喜欢生长在潮湿地和水中的园林植物,包括挺水植物、浮叶植物、沉水植物和漂浮植物。

五、项目换算

1. 本章定额项目中,未包括因养护需要新增的苗木、花卉等材料费用;少量零星苗木的调整移植费用,已包括在定额项目中。

2. 定额项目除说明者外,消耗量均不作调整。

工程量计算规则

一、工程量计算依据

（一）依据本章定额项目规定的工作内容、规格和计量单位确立费用计算项目。

（二）依据养护绿地内的实际存量，统计该养护工程实际工作量。凡是绿地中构筑物（窨井、设备设施基础等）、建筑、小品等面积小于 1m² 的，不作扣除。

二、工程量计算规定

（一）乔木养护工程量计算。

乔木养护分常绿乔木和落叶乔木两种。均根据胸径大小分为 10cm 以内、20cm 以内、30cm 以内、40cm 以内、40cm 以上五种规格统计工程量。

（二）灌木养护工程量计算。

灌木养护分常绿灌木和落叶灌木两种。均根据冠丛高度分为高度在 100cm 以内、200cm 以内、300cm 以内、300cm 以上四种规格。

（三）绿篱养护工程量计算。

绿篱养护按不同的种植方式，分为单排、双排、片植三种。其中，片植指三排以上含三排的种植方式。

规格划分根据冠丛高度分为高度在 100cm 以内、200cm 以内、200cm 以上三个档次。

（四）竹类养护工程量计算。

竹类养护分为地被竹、散生竹、丛生竹三种类型。

（五）球形植物养护工程量计算。

本项目球形植物以蓬径分为 100cm 以内、200cm 以内、200cm 以上三种规格。

（六）攀缘植物养护工程量计算。

攀缘植物养护包括墙体、藤架、廊架等处攀缘植物的养护。

（七）地被植物养护工程量计算。

地被植物以覆盖面积进行计算。

（八）花坛、花境养护工程量计算。

花坛养护分为花坛、花境、立体花坛三种类型，养护面积均按植物的覆盖面积计算。

（九）草坪养护工程量计算。

草坪养护分为暖季型、冷季型、混合型三种，均以满铺方式进行计量单位计算。

（十）水生植物养护工程量计算。

水生植物养护分为塘植、盆植、浮岛三种类型。

三、计量单位规定

（一）按 10 株为计量单位。

1. 乔木。

2. 灌木。

3. 球形植物。

（二）按 10m² 或 10m² 展开面积为计量单位。

1. 绿篱养护工程中片植。

2. 竹类养护中的地被竹、散生竹。

3. 攀缘植物。

4. 地被植物。

5. 花坛花境。

6. 草坪。

7. 水生植物养护中的塘植、浮岛。

（三）按 10m 为计量单位。

绿篱养护工程中的单排、双排项目。

（四）按 10 丛或 10 盆（缸）为计量单位。

1. 竹类养护中的丛生竹。

2. 水生植物养护中的盆（缸）植。

1. 乔 木

工作内容:浇水排水、施肥修剪、松土除草、竖桩维护、除虫保洁、调整移植。

定 额 编 号		3-1-1	3-1-2	3-1-3	3-1-4
项 目	单位	乔木(常绿)			
		胸径(cm 以内)			
		10	20	30	40
		10 株	10 株	10 株	10 株
人工 综合人工	工日	1.7544	3.5301	5.7006	8.0320
材料 水	m³	1.4222	2.9492	4.4392	5.9291
肥料	kg	2.9549	3.2832	3.6480	4.0128
药剂	kg	0.2964	0.3295	0.3654	0.4024
其他材料费	%	5.0000	5.0000	5.0000	5.0000
机械 洒水车 4000L	台班	0.0422	0.0467	0.0519	0.0570

工作内容:浇水排水、施肥修剪、松土除草、竖桩维护、除虫保洁、调整移植。

定 额 编 号		3-1-5
项 目	单位	乔木(常绿)
		胸径(cm 以上)
		40
		10 株
人工 综合人工	工日	10.5248
材料 水	m³	7.4180
肥料	kg	4.4141
药剂	kg	0.4423
其他材料费	%	5.0000
机械 洒水车 4000L	台班	0.0633

工作内容:浇水排水、施肥修剪、松土除草、竖桩维护、除虫保洁、调整移植。

定 额 编 号		3-1-6	3-1-7	3-1-8	3-1-9
项 目	单位	乔木(落叶)			
		胸径(cm 以内)			
		10	20	30	40
		10 株	10 株	10 株	10 株
人工 综合人工	工日	2.7927	3.8833	6.2709	8.7428
材料 水	m³	1.0163	2.1113	3.2085	4.3656
肥料	kg	3.6936	4.0641	4.5600	5.0160
药剂	kg	0.3295	0.3654	0.4064	0.4469
其他材料费	%	5.0000	5.0000	5.0000	5.0000
机械 洒水车 4000L	台班	0.0485	0.0547	0.0599	0.0667

工作内容：浇水排水、施肥修剪、松土除草、竖桩维护、除虫保洁、调整移植。

定额编号		3-1-10
项　目	单位	乔木（落叶）
		胸径（cm 以上）
		40
		10 株
人工　综合人工	工日	11.5772
材料　水	m³	5.5638
肥料	kg	5.5176
药剂	kg	0.4919
其他材料费	%	5.0000
机械　洒水车 4000L	台班	0.0735

2. 灌　木

工作内容：浇水排水、施肥修剪、松土除草、竖桩维护、除虫保洁、调整移植。

定额编号		3-2-1	3-2-2	3-2-3	3-2-4
项　目	单位	灌木（常绿）			
		灌丛高度（cm 以内）			灌丛高度（cm 以上）
		100	200	300	300
		10 株	10 株	10 株	10 株
人工　综合人工	工日	0.1864	0.6562	1.3625	2.1316
材料　水	m³	0.1847	0.3046	0.4514	0.5192
肥料	kg	1.6416	2.0064	2.4277	2.7919
药剂	kg	0.2339	0.2859	0.3461	0.3980
其他材料费	%	5.0000	5.0000	5.0000	5.0000
机械　洒水车 4000L	台班	0.0292	0.0356	0.0429	0.0611

工作内容：浇水排水、施肥修剪、松土除草、竖桩维护、除虫保洁、调整移植。

定额编号		3-2-5	3-2-6	3-2-7	3-2-8
项　目	单位	灌木（落叶）			
		灌丛高度（cm 以内）			灌丛高度（cm 以上）
		100	200	300	300
		10 株	10 株	10 株	10 株
人工　综合人工	工日	0.4737	1.0334	1.7052	2.5875
材料　水	m³	0.1477	0.2435	0.3612	0.4186
肥料	kg	2.2982	2.8090	3.3990	3.9089
药剂	kg	0.2636	0.3215	0.3894	0.4478
其他材料费	%	5.0000	5.0000	5.0000	5.0000
机械　洒水车 4000L	台班	0.0374	0.0456	0.0556	0.0612

3. 绿 篱

工作内容:浇水排水、施肥修剪、松土除草、除虫保洁、调整移植。

定 额 编 号			3-3-1	3-3-2	3-3-3
项 目		单位	绿篱(单排)		
			高度(cm 以内)		高度(cm 以上)
			100	200	200
			10m	10m	10m
人工	综合人工	工日	0.1168	0.1430	0.1570
材料	水	m³	0.3386	1.1286	2.3598
	肥料	kg	1.0608	1.2968	1.4261
	药剂	kg	0.0256	0.0314	0.0348
	其他材料费	%	5.0000	5.0000	5.0000
机械	洒水车 4000L	台班	0.0080	0.0097	0.0108

工作内容:浇水排水、施肥修剪、松土除草、除虫保洁、调整移植。

定 额 编 号			3-3-4	3-3-5	3-3-6
项 目		单位	绿篱(双排)		
			高度(cm 以内)		高度(cm 以上)
			100	200	200
			10m	10m	10m
人工	综合人工	工日	0.1749	0.2141	0.2677
材料	水	m³	0.4514	1.8958	2.3698
	肥料	kg	1.5914	1.9448	2.4310
	药剂	kg	0.0353	0.0428	0.0534
	其他材料费	%	5.0000	5.0000	5.0000
机械	洒水车 4000L	台班	0.0108	0.0131	0.0164

工作内容:浇水排水、施肥修剪、松土除草、除虫保洁、调整移植。

定 额 编 号			3-3-7	3-3-8	3-3-9
项 目		单位	绿篱(片植)		
			高度(cm 以内)		高度(cm 以上)
			100	200	200
			10m²	10m²	10m²
人工	综合人工	工日	0.4472	0.5465	0.6831
材料	水	m³	1.3543	1.6553	2.0691
	肥料	kg	1.5914	1.9448	2.4310
	药剂	kg	0.0388	0.0479	0.0599
	其他材料费	%	5.0000	5.0000	5.0000
机械	洒水车 4000L	台班	0.0131	0.0160	0.0199

4. 竹 类

工作内容:浇水排水、施肥修剪、松土除草、除虫保洁、调整移植。

定 额 编 号			3-4-1	3-4-2	3-4-3
项　　目		单位	竹类		
			地被竹	散生竹	丛生竹
			10m²	10m²	10丛
人工	综合人工	工日	0.2970	0.3673	0.7345
材料	水	m³	0.4235	0.8465	1.6930
	肥料	kg	0.9547	1.1787	2.3575
	药剂	kg	0.0234	0.0285	0.0570
	其他材料费	%	5.0000	5.0000	5.0000
机械	洒水车4000L	台班	0.0074	0.0091	0.0183

5. 球 形 植 物

工作内容:浇水排水、整形修剪、施肥松土、防治虫害、除草保洁、调整移植。

定 额 编 号			3-5-1	3-5-2	3-5-3
项　　目		单位	球形植物		
			蓬径(cm以内)		蓬径(cm以上)
			100	200	200
			10株	10株	10株
人工	综合人工	工日	0.5121	1.7583	3.8489
材料	水	m³	0.4771	0.7125	0.9525
	肥料	kg	3.3242	4.1040	5.0160
	药剂	kg	0.3551	0.4389	0.5364
	其他材料费	%	5.0000	5.0000	5.0000
机械	洒水车4000L	台班	0.0439	0.0547	0.0667

6. 攀 缘 植 物

工作内容:浇水排水、施肥修剪、松土除草、攀附牵引、除虫保洁、调整移植。

定 额 编 号			3-6-1
项　　目		单位	攀缘植物
			覆盖面积
			10m²
人工	综合人工	工日	0.9565
材料	水	m³	0.4834
	肥料	kg	2.7360
	药剂	kg	0.3933
	其他材料费	%	5.0000
机械	洒水车4000L	台班	0.0485

7. 地 被 植 物

工作内容：浇水排水、施肥修剪、松土除草、除虫保洁、调整移植。

定额编号		3-7-1
项　　目	单位	地被植物
		覆盖面积
		10m²
人工 综合人工	工日	0.5189
材料 水	m³	0.2822
肥料	kg	1.7681
药剂	kg	0.0433
其他材料费	%	5.0000
机械 洒水车4000L	台班	0.0097

8. 花 坛 花 境

工作内容：浇水排水、施肥修剪、松土除草、除虫保洁、调整移植。

定额编号		3-8-1	3-8-2	3-8-3
项　　目	单位	花坛花境		
		花坛	花境	立体花坛
		10m²	10m²	10m²
人工 综合人工	工日	0.5940	0.4864	1.1008
材料 水	m³	1.6690	0.9821	3.3379
肥料	kg	3.8897	3.5363	4.2790
药剂	kg	0.0479	0.0433	0.0524
其他材料费	%	5.0000	5.0000	5.0000
机械 洒水车4000L	台班	0.0160	0.0148	0.0177

9. 草 坪

工作内容：浇水排水、施肥修剪、松土除草、切边整形、除虫保洁、调整移植。

定额编号		3-9-1	3-9-2	3-9-3
项　　目	单位	草坪		
		暖季型（满铺）	冷季型（满铺）	混合型（满铺）
		10m²	10m²	10m²
人工 综合人工	工日	0.3081	0.4006	0.5713
材料 水	m³	0.6019	0.7222	0.7592
肥料	kg	1.4147	1.6975	1.4323
药剂	kg	0.0234	0.0348	0.0292
其他材料费	%	5.0000	5.0000	5.0000
机械 洒水车4000L	台班	0.0171	0.0251	0.0195

10. 水 生 植 物

工作内容:清除枯叶、分株复壮、调换盆(缸)、调整移植等。

定 额 编 号		单位	3-10-1	3-10-2	3-10-3
项　目			水生植物		
			塘植	盆(缸)植	浮岛
			10m²	10盆(缸)	10m²
人工	综合人工	工日	0.3455	0.7630	0.4047
材料	肥料	kg	1.8240	2.7360	—
	药剂	kg	0.2149	0.3215	0.1830
	其他材料费	%	5.0000	5.0000	5.0000

第四章　其他绿化养护

说　明

一、适用范围

本章内容适用绿地养护等级以外的其他绿地养护概算费用的计算,其中其他绿地养护适用于绿化养护技术等级以外,未包括的但隶属园林部门管辖范围内的零星、以自然生态为主的绿地,如防护绿地、风景林地等,不包括林地。

二、项目组成

本章共 5 节 42 个定额项目。其中:

第一节"其他绿地养护"有 9 个定额项目,包括幼林抚育、杂草控制、垄沟清理、有害生物控制、林木修枝、林木间伐、伐枝木处理、林地保洁、树木刷白等项目内容。

第二节"行道树养护"有 20 个定额项目,包括行道树一级养护、行道树二级养护等项目内容。

第三节"容器植物养护"有 8 个定额项目,包括盆栽植物,盆口内径在 30cm 以内、50cm 以内及 50cm 以上三种规格。箱栽植物,箱体外径尺寸在 $100cm \times 100cm$ 以内、$150cm \times 150cm$ 以内及 $150cm \times 150cm$ 以上三种规格。同时包括盆栽植物和箱栽植物进出场台班运输等项目内容。

第四节"立体绿化养护"有 2 个定额项目,包括垂直绿化养护高度在 3.6m 以内、3.6m 以上。屋顶绿化项目详见本章说明第四条第(一)款相关说明。

第五节"古树名木养护"有 3 个定额项目,包括树龄在 100 年以上、树龄在 300 年以上、树龄在 500 年以上。

三、项目说明

(一)其他绿地。

1. 指绿化养护等级一级、二级、三级以外的绿地。

2. 幼林抚育用水量只适用于西北缺水地区,不适用其他正常自然条件的绿化。

(二)行道树。

指种在市政道路两旁及分车带,给车辆和行人遮荫并构成街景的树木。

(三)容器植物。

指以盆式或箱式容器为载体进行园林植物栽植的形式。

(四)立体绿化。

本章中的立体绿化养护包括屋顶绿化和垂直绿化。其中:

1. 屋顶绿化包括平顶式屋顶绿化、斜坡式屋顶绿化、地下车库顶层绿化等绿化形式。

2. 垂直绿化是指以模块式或植物袋式为介质的垂直绿化,包括墙体绿化、造型(立体)绿化、其他无基层土壤的绿化栽植形式,但不包括攀缘植物绿化养护内容。攀缘植物养护按照相应的绿地养护等级中攀缘植物定额项目执行。

(五)古树名木。

是古树和名木的统称,其中:

1. 古树是指树龄在百年以上的树木,树龄以相关主管部门认定的年限为准。

2. 名木是树种稀有、名贵或具有历史价值、纪念意义或历史名人栽植的树木。

四、项目换算

(一)屋顶绿化。

屋顶绿化养护项目参照一级绿化养护定额项目确定相应的养护费用计算项目,并对其项目消耗量调整如下:

1. 人工浇灌养护。

(1)人工耗量取定在一级绿化养护项目的基础上乘以系数 1.25。

(2)用水量在一级绿化养护项目的基础上乘以系数 1.50。

(3)其他工料机不作调整。

2. 自动浇灌养护。

(1)人工在一级绿化养护项目的基础上乘以系数 0.75。

(2)用水量在一级绿化养护项目的基础上乘以系数 1.3。

(3)其他工料机不作调整。

(二)垂直绿化。

垂直绿化项目包括高度在 3.6m 以下和 3.6m 以上两个项目,其中:

1. 垂直绿化养护项目均以人工浇灌为主,可套用相应的项目计算。

2. 若有自动浇灌设施的养护,则其养护人工需乘以系数 0.75,其他不变。

五、其他说明

(一)本章定额项目中未包括因养护需要新增苗木、花卉等材料费用,少量零星苗木的调整移植费用已包括在定额项目中。

(二)垂直绿化中的更换植物费用不包括在项目中,按市场价和实际数量另行计算。

(三)本章定额项目除说明者外,消耗量均不作调整。

工程量计算规则

一、工程量计算依据

（一）依据本章定额项目规定的工作内容，规格和计量单位确立费用计算项目；

（二）依据养护绿地内的实际存量，统计该养护工程实际工作量。凡是绿地中构筑物（窨井、设备设施基础等）、建筑、小品等面积小于1m²的，不作扣除。

二、工程量计算规定

（一）其他绿地养护工程量计算。

1. 幼林抚育、杂草控制、垄沟清理、有害生物控制、林木修枝、林木间伐、林地保洁项目，按实际养护工作项目计算。

2. 伐枝木处理包括废枝收集、粉碎、林内装车、运输处理，按往年的平均工作量计算。

3. 树木刷白项目的数量以实际需要的数量为准。

（二）行道树养护工程量计算。

行道树养护按照常绿乔木或落叶乔木分类。根据胸径大小和定额子目划分的规格（胸径在10cm以内、20cm以内、30cm以内、40cm以内、40cm以上）分别统计数量。

（三）容器植物养护工程量计算。

1. 容器植物养护工程量计算。

按照盆口内径在30cm以内、在50cm以内及在50cm以上计算。

2. 箱栽植物养护工程量计算。

按照箱体外径尺寸在100cm×100cm以内、在150cm×150cm以内及在150cm×150cm以上计算。

3. 其他不同规格的容器植物按面积计算，套用相关定额项目。

（四）立体绿化养护工程量计算。

1. 屋顶绿化。

（1）本项目屋顶绿化不直接设置子目，根据养护苗木分类，套用一级绿化养护相应定额项目，并乘以规定的消耗量调整系数，计算养护费用。

（2）项目耗用量调整系数详见本章说明有关条款。

2. 垂直绿化。

（1）垂直绿化工程量计算分高度在3.6m以内、在3.6m以上两种规格计算。

（2）墙体绿化以平面面积计算，造型绿化以展开面积计算。

（五）古树名木养护工程量计算。

古树养护的树龄按100年以上、300年以上、500年以上三种规格进行养护工程量计算。名木养护按树龄不少于100年进行养护工程量计算。

三、计量单位规定

（一）以10株为计量单位。

树木刷白、行道树养护项目。

（二）以株为计量单位。

古树名木养护项目。

（三）以1000m²为计量单位。

其他绿地养护中的幼林抚育、杂草控制、垄沟清理、有害生物控制、林木修枝、林木间伐、林地保洁项目。

（四）以t为计量单位。

其他绿地养护中的伐枝木处理。

（五）以 10 盆/天或 10 盆/次为计量单位。

1. 容器植物养护项目。

2. 容器植物进出场台班运输项目。

（六）以 10 只/天或 10 只/次为计量单位。

1. 箱栽植物养护项目。

2. 箱体植物进出场台班运输项目。

（七）以 $10m^2$ 为计量单位。

垂直绿化养护项目。

1. 其他绿地养护

工作内容: 1. 幼林抚育:栽植期在5年以内、松土翻耕(深度20cm以内)、施肥保洁、地面平整。

      2. 杂草控制:清除恶性杂草、高度控制30cm以下、垃圾集中堆运。

      3. 垄沟清理:清淤保洁、边坡清理、垃圾集中堆运。

      4. 有害生物控制:配制药剂、人工捕捉、修剪病虫枝、摘除病灶。

定额编号			4-1-1	4-1-2	4-1-3	4-1-4
项 目		单位	其他绿地养护			
			幼林抚育	杂草控制	垄沟清理	有害生物控制
			1000m²	1000m²	1000m²	1000m²
人工	综合人工	工日	10.9980	10.6080	1.9500	6.0840
材料	水	m³	(17.0664)	—	—	—
	有机肥料	kg	484.5263	—	—	—
	药剂	kg	—	—	—	9.3600
机械	载重汽车4t	台班	0.0591	—	—	—
	割草机	台班	—	0.3764	—	—
	药剂车4000L	台班	—	—	—	0.0788

工作内容: 1. 林木修枝:树木修剪、枯枝清除、修剪物收集、堆放。

      2. 林木间伐:林木伐除、废枝收集、集中堆放。

      3. 伐枝木处理:废枝装车、运输、处理。

定额编号			4-1-5	4-1-6	4-1-7
项 目		单位	其他绿地养护		
			林木修枝	林木间伐	伐枝木处理
			1000m²	1000m²	t
人工	综合人工	工日	4.0365	2.9250	1.8304
机械	油锯	台班	0.6794	0.9248	—
	林木粉碎机	台班	—	—	0.5410
	载重汽车4t	台班	—	—	0.0794

工作内容: 1. 林地保洁:清除林地内枯枝残草枯叶、垃圾集中堆运。

      2. 树木刷白:树干高度≤1.3m调料涂白。

定额编号			4-1-8	4-1-9
项 目		单位	其他绿地养护	
			林地保洁	树木刷白
			1000m²	10株
人工	综合人工	工日	10.6461	1.0800
材料	生石灰	kg	—	0.4197
	水	m³	—	0.0022
	其他材料费	%	—	5.0000

2. 行道树养护

工作内容:浇水排水、施肥修剪、松土除草、竖桩维护、除虫保洁、调整移植。

定额编号			4-2-1	4-2-2	4-2-3
项目		单位	行道树一级养护		
			常绿乔木　胸径(cm 以内)		
			10	20	30
			10 株	10 株	10 株
人工	综合人工	工日	4.5864	9.0720	14.4555
材料	水	m³	2.1146	4.3850	6.6003
	肥料	kg	7.7744	8.1360	9.0400
	药剂	kg	0.7176	0.7978	0.8859
	其他材料费	%	5.0000	5.0000	5.0000
机械	洒水车 4000L	台班	0.5287	1.0963	1.5008
	载重汽车 4t	台班	0.0493	0.0549	0.0610

工作内容:浇水排水、施肥修剪、松土除草、竖桩维护、除虫保洁、调整移植。

定额编号			4-2-4	4-2-5
项目		单位	行道树一级养护	
			常绿乔木　胸径(cm 以内)	常绿乔木　胸径(cm 以上)
			40	
			10 株	10 株
人工	综合人工	工日	19.9381	25.9969
材料	水	m³	8.8157	11.0293
	肥料	kg	9.9440	10.7124
	药剂	kg	0.9752	1.0712
	其他材料费	%	5.0000	5.0000
机械	洒水车 4000L	台班	2.2039	2.7573
	载重汽车 4t	台班	0.0671	0.0737

工作内容:浇水排水、施肥修剪、松土除草、竖桩维护、除虫保洁、调整移植。

定额编号			4-2-6	4-2-7	4-2-8
项目		单位	行道树一级养护		
			落叶乔木　胸径(cm 以内)		
			10	20	30
			10 株	10 株	10 株
人工	综合人工	工日	5.0445	9.9796	15.9001
材料	水	m³	1.5111	3.1391	4.7706
	肥料	kg	8.7869	9.7632	10.8480
	药剂	kg	0.7820	0.8701	0.9661
	其他材料费	%	5.0000	5.0000	5.0000
机械	洒水车 4000L	台班	0.3778	0.7848	1.1927
	载重汽车 4t	台班	0.0574	0.0640	0.0711

工作内容:浇水排水、施肥修剪、松土除草、竖桩维护、除虫保洁、调整移植。

定 额 编 号			4－2－9	4－2－10
项 目		单位	行道树一级养护	
			落叶乔木 胸径(cm 以内)	落叶乔木 胸径(cm 以上)
			40	
			10 株	10 株
人工	综合人工	工日	21.9312	28.7853
材料	水	m³	6.4910	8.2724
	肥料	kg	11.9328	13.1261
	药剂	kg	1.0633	1.1684
	其他材料费	%	5.0000	5.0000
机械	洒水车 4000L	台班	1.6228	2.0681
	载重汽车 4t	台班	0.0783	0.0860

工作内容:浇水排水、施肥修剪、松土除草、竖桩维护、除虫保洁、调整移植。

定 额 编 号			4－2－11	4－2－12	4－2－13
项 目		单位	行道树二级养护		
			常绿乔木 胸径(cm 以内)		
			10	20	30
			10 株	10 株	10 株
人工	综合人工	工日	3.4500	6.8241	10.8736
材料	水	m³	1.5906	3.2984	4.9649
	肥料	kg	5.8480	6.1200	6.8000
	药剂	kg	0.5397	0.6001	0.6664
	其他材料费	%	5.0000	5.0000	5.0000
机械	洒水车 4000L	台班	0.3977	0.8246	1.2412
	载重汽车 4t	台班	0.0370	0.0413	0.0459

工作内容:浇水排水、施肥修剪、松土除草、竖桩维护、除虫保洁、调整移植。

定 额 编 号			4－2－14	4－2－15
项 目		单位	行道树二级养护	行道树二级养护
			常绿乔木 胸径(cm 以内)	常绿乔木 胸径(cm 以上)
			40	
			10 株	10 株
人工	综合人工	工日	14.9977	19.5552
材料	水	m³	6.6313	8.2964
	肥料	kg	7.4800	8.0580
	药剂	kg	0.7336	0.8058
	其他材料费	%	5.0000	5.0000
机械	洒水车 4000L	台班	1.6578	2.0741
	载重汽车 4t	台班	0.0505	0.0554

工作内容: 浇水排水、施肥修剪、松土除草、竖桩维护、除虫保洁、调整移植。

定额编号			4-2-16	4-2-17	4-2-18
项目		单位	行道树二级养护		
			落叶乔木　胸径(cm以内)		
			10	20	30
			10 株	10 株	10 株
人工	综合人工	工日	3.7946	7.5068	11.9603
材料	水	m³	1.1366	2.3613	3.5885
	肥料	kg	6.6096	7.3440	8.1600
	药剂	kg	0.5882	0.6545	0.7268
	其他材料费	%	5.0000	5.0000	5.0000
机械	洒水车 4000L	台班	0.2842	0.5903	0.8971
	载重汽车 4t	台班	0.0432	0.0482	0.0536

工作内容: 浇水排水、施肥修剪、松土除草、竖桩维护、除虫保洁、调整移植。

定额编号			4-2-19	4-2-20
项目		单位	行道树二级养护	
			落叶乔木　胸径(cm以内)	落叶乔木　胸径(cm以上)
			40	
			10 株	10 株
人工	综合人工	工日	16.4969	21.6526
材料	水	m³	4.8827	6.2226
	肥料	kg	8.9760	9.8736
	药剂	kg	0.7998	0.8789
	其他材料费	%	5.0000	5.0000
机械	洒水车 4000L	台班	1.2207	1.5557
	载重汽车 4t	台班	0.0589	0.0647

3. 容器植物养护

工作内容: 1. 浇水、施肥,修剪、防护,换盆、摆放等。
　　　　　　2. 盆栽植物搬运。

定额编号			4-3-1	4-3-2	4-3-3	4-3-4
项目		单位	容器植物养护			容器植物进出场台班运输
			盆口内径(cm以内)		盆口内径(cm以上)	
			30	50	50	
			10 盆/天	10 盆/天	10 盆/天	10 盆/次
人工	综合人工	工日	0.0190	0.0285	0.0371	0.0937
材料	水	m³	0.0028	0.0043	0.0056	—
	肥料	kg	0.0058	0.0160	0.0208	
	药剂	kg	0.0548	0.0822	0.1069	
	其他材料费	%	3.0000	3.0000	3.0000	
机械	平板车 4t	台班	—	—	—	0.0234
	洒水车 4t	台班	0.0004	0.0005	0.0007	—

工作内容:1. 浇水、施肥、修剪、防护,换箱、摆放等。

　　　　　 2. 箱体植物搬运。

定 额 编 号			4-3-5	4-3-6	4-3-7	4-3-8
项　　目	单位		箱栽植物养护			箱体植物进出场台班运输
			箱体外径尺寸(cm 以内)		箱体外径尺寸(cm 以上)	
			100×100	150×150	150×150	
			10 只/天	10 只/天	10 只/天	10 只/次
人工	综合人工	工日	0.0475	0.0570	0.0712	1.3400
材料	水	m³	0.0214	0.0285	0.0329	—
	肥料	kg	1.3808	2.6630	4.7260	—
	药剂	kg	0.8219	1.0959	1.3700	—
	其他材料费	%	3.0000	3.0000	3.0000	—
机械	洒水车 4t	台班	0.0027	0.0036	0.0041	—
	轮胎式汽车起重机 16t	台班	—	—	—	0.6700
	平板车 8t	台班	—	—	—	0.6700

4. 立体绿化养护

工作内容:浇水、施肥,清除杂草,植物保护,更换植物,设备、设施检查、维护等。

定 额 编 号			4-4-1	4-4-2
项　　目	单位		造型及垂直绿化养护	
			高度(m 以内)	高度(m 以上)
			3.6	3.6
			10m²	10m²
人工	综合人工	工日	1.3650	1.7063
材料	水	m³	1.4260	1.4260
	肥料	kg	4.1128	4.1128
	药剂	kg	6.9944	6.9944
	其他材料费	%	3.0000	3.0000
机械	登高车 2t	台班	—	0.1667

5. 古树名木养护

工作内容:浇水排水、松土除草、土壤施肥、地面(表)绿化、古树修剪、补洞防腐、生物防控、设施维护、日常巡查。

定额编号		4-5-1	4-5-2	4-5-3
项目	单位	古树名木养护		
		养护树龄(年以上)		
		100	300	500
		株	株	株
人工 综合人工	工日	9.1360	10.5064	11.8768
材料 草绳	kg	6.9200	7.9580	8.9960
除草剂	瓶	1.0931	1.2571	1.4210
地被植物(草皮)	m²	6.0723	6.9832	7.8940
防控药水	kg	1.2000	1.3800	1.5600
防水乳胶漆	kg	2.5280	2.9072	3.2864
防锈漆	kg	1.2640	1.4536	1.6432
肥料	kg	35.3023	40.5977	45.8930
黄砂中砂	kg	182.2400	209.5760	236.9120
灰砂砖 240×115×53	块	12.8000	12.8000	16.6400
支撑架	m²	17.2240	19.8076	22.3912
排水管 PVC	m	0.6800	0.7820	0.8840
皮管	m	1.5664	1.8014	2.0363
砂皮	张	1.2000	1.3800	1.5600
杀虫药水	kg	2.1200	2.4380	2.7560
伤口涂补剂	瓶	1.0800	1.2200	1.4040
熟桐油	kg	0.8640	0.9936	1.1232
水	m³	12.3040	14.1496	15.9952
水泥 42.5 级袋装	kg	72.8800	83.8120	94.7440
其他材料费	%	5.0000	5.0000	5.0000
机械 载重汽车 2t	台班	0.1535	0.1766	0.1996
载重汽车 4t	台班	0.2442	0.2809	0.3175

第五章　建筑、小品维护

说　明

一、包括范围

本章定额项目包括的范围为建筑维护、小品维护及其他零星维护等项目内容组成。

二、本章项目的组成

本章共 3 节 53 个定额项目。其中：

第一节"建筑维护"有 11 个定额项目，包括办公及辅助用房、餐厅及售票等建筑、古典建筑的亭、廊、楼阁、水榭、厅堂轩、牌楼及塔维护等项目内容。

第二节"小品维护"有 23 个定额项目，包括花架廊、假山、景石、附壁石、景石墙、零星石构件、园桥、栏杆、园路广场、围墙维护等项目内容。

第三节"其他零星维护"有 19 个定额项目，包括雕塑、雕塑基座贴面、钢栏杆、石栏杆、其他塑件、树穴盖板、水池底壁维护等项目内容。

三、项目说明

（一）建筑维护。

1. 办公用房维护项目。适用于各种不同结构、材质的办公用房、楼房、仓库、工具间等建筑的维护。

2. 辅助用房维护项目。适用于各种不同结构、材质的配电用房和饲料加工用房、泵房等辅助建筑的维护。

3. 餐厅展示用房维护项目。适用于各种不同结构、材质的餐厅、展示厅等大型对外开放的各种建筑的维护。

4. 售票房等其他建筑维护项目。适用于不同结构、材质的厕所、售票房、小卖部、门卫等小型对外开放的辅助性建筑维护。

5. 亭维护项目。适用于不同类型结构、材质的四角亭、六角亭、园亭、重檐亭、竹亭等园林建筑的维护。

6. 廊维护项目。适用于各种不同结构、材质的平廊、复廊、竹廊等建筑的维护。

7. 楼阁维护项目。适用于各种不同结构、材质的楼房、石舫、戏台等建筑的维护。

8. 水榭、房维护项目。适用于各种不同结构、材质的斋、庑、房、门厅等古典建筑的维护。

9. 厅、堂、轩维护项目。适用于各种不同结构、材质的厅、堂、殿等古典建筑的维护。

10. 牌楼维护项目。适用于各种不同结构、材质的垂花门、牌坊、牌楼等古典建筑的维护。

11. 塔维护项目。适用于各种不同结构、材质的宝塔、钟楼、鼓楼等古典建筑的维护。

（二）小品维护。

1. 钢筋混凝土花架维护项目。适用于钢筋混凝土结构花架和钢筋混凝土、木等混合结构花架，主要指钢筋混凝土柱梁表面维护工程内容。

2. 钢结构花架维护项目。适用于钢结构花架（钢柱、梁、花架片）和钢木混合结构花架（钢柱、梁、木花架片），主要指钢构件和木构件维护工程内容。

3. 石假山维护项目。适用于各种假山石堆叠的湖石假山、黄石假山、斧劈石假山、英石假山及汀步等工程内容，但不适用人工堆叠石峰、石笋、土山点石、人工塑假山以及各种景石的维护。

4. 塑假山维护项目。适用于人工塑造的假山工程，主要指钢骨架假山和砖骨架假山等工程内容，但不包括内部支撑结构的零星塑石等维护工程。

5. 景石、峰石维护项目。适用于用各种假山石堆叠的整块石峰、人造假山石峰、石笋、观赏石等以及土点石（土抱石）、散兵石等，但不适用人工塑假山、景墙等维护项目。

若遇土山点（抱）石、散兵石，人工、材料、机械乘以系数 0.66。

6. 附壁石维护项目。适用于依附在其他材质(砖、石、砼等)上的,用各种假山石堆叠的工程内容。

7. 景墙维护项目。适用于不同石材砌筑的具有观赏性的墙面,如块石墙、片石墙、蘑菇墙等,以及各种磨光石板贴面墙等。

光面花岗岩板景墙维护,人工乘以系数0.40,材料只计算括号内光面花岗岩板含量,1:2水泥砂浆及其他材料;机械台班耗用量不考虑。

8. 零星石构件(驳岸)维护项目。适用于各种石材的毛石驳岸、条石驳岸、护坡、挡土墙等,同时也适用于自然式河岸散驳及花溪护岸等工程内容。

9. 零星石(花坛石等)维护项目。适用于零星石构件的维护,同时适宜以展开面积计算的工程内容。

10. 零星石构件(树穴侧石等)维护项目。适用于零星石块的维护,适宜折换成延长米计算的工程内容。

11. 园桥(石桥)维护项目。适用于石平桥、石拱桥工程,主要指桥面和接坡面维护工程内容。

12. 园桥(钢筋混凝土桥)维护项目。适用于钢筋混凝土结构桥,也适用于混合结构桥(混凝土桥栏或钢桥栏、混凝土桥面层或沥青混凝土桥面层),主要指桥栏和桥面层维护工程内容。

13. 园桥(木桥、木栈桥)维护项目。适用于木桥、木钢混合结构桥(钢梁、钢柱、钢或木栏、木桥面)和架空的木栈桥(钢梁、木桥面板、木或钢栏),主要指钢构件和木构件维护工程内容。

14. 混凝土栏杆维护项目。适用于混凝土栏杆维护工程内容,石质栏杆、塑钢栏杆也可参照本项目。

15. 钢栏杆维护项目。适用于钢栏杆和基础的维护工程内容。

16. 园路广场(整体式混凝土面层)维护项目。适用于整体浇筑混凝土面层和基层,也适用于透水混凝土面层和基层的维护工程内容。

17. 园路广场(沥青面层)维护项目。适用于沥青面层维护工程内容。

18. 园路广场(块料面层)维护项目。适用于广场砖、透水砖等面层和垫层,也适用于大理石、花岗石和嵌卵石等面层维护工程内容。

19. 园路广场(花式园路)维护项目。适用于黄道砖、瓦片缸片、弹街石等花饰面层维护工程内容。

20. 围墙(砖砌)维护项目。适用于砖砌围墙、花岗石围墙,包括砌体围墙有不同材质花漏窗。主要指墙面维护工程内容。

21. 围墙(钢结构)维护项目。适用于型钢结构围墙和钢、砖混合结构围墙以及钢丝网围墙,主要指钢构件和砌体墙面维护工程内容。

22. 围墙(古式)维护项目。适用于砖砌古式围墙(筒瓦或蝴蝶瓦压顶、花边滴水),包括古式围墙开花式漏窗,主要指墙面和瓦压顶维护工程内容。

23. 其他围墙维护项目。适用于除砖砌、钢结构和古式以外的围墙维护工程内容。

(三)其他零星维护。

1. 雕塑(金属)维护项目。适用于金属材料制作的雕塑作品,主要指金属面层维护工程内容,分5年以内和5年以上两个项目。

2. 雕塑(塑钢、玻璃钢)维护项目。适用于塑钢、玻璃钢材料制作的雕塑作品,主要指塑钢、玻璃钢面层维护工程内容,分5年以内和5年以上两个项目。

3. 雕塑基座贴面维护项目。适用于雕塑基座维护工程,主要指基座大理石、花岗石等不同材质贴面的维护工程内容。

4. 钢材质维护项目。适用于钢栏杆和基础的维护工程内容,分5年以内和5年以上两个项目。

5. 混凝土材质维护项目。适用于混凝土栏杆维护工程内容,石质栏杆、塑钢栏杆也可参照本项目,分5年以内和5年以上两个项目。

6. 其他塑件维护项目。适用于各种类型和材质的小型室外塑件的维护工程内容,分5年以内和5年以上两个项目。

7. 盖板(铸铁)维护项目。适用于架空和实铺的铸铁盖板的维护工程内容,分5年以内和5年以上两个项目。

8. 树穴盖板(塑钢)维护项目。适用于架空和实铺的塑钢盖板的维护工程内容,分5年以内和5年以上两个项目。

9. 树穴盖板(混凝土)维护项目。适用于架空和实铺的混凝土盖板的维护工程内容,分5年以内和5年以上两个项目。

10. 水池底壁(整体式)维护项目。适用于池壁、池底面层材料以水泥抹面构成的保洁、修补等内容组成的维护项目。

11. 水池底壁(块料式)维护项目。适用于池壁、池底面层材料以马赛克、缸砖、大理石、水磨石等硬质材料构成的保洁、修补等内容组成的维护项目。

四、项目换算

(一)第一节"建筑维护"中除主材调和漆、乳胶漆、墙面锦砖等,因用材不同,其价格可换算,但耗量不变。其他材料,不管建筑形式,楼层,层高,屋面材料用材的差异,均不作换算。

(二)宝塔维护项目中脚手架用材不同可换算,但其耗量不变。

(三)钢栏杆维护项目,高度如超过1.5m(含1.5m)可换算,其耗用材料和人工按定额耗用量乘以系数1.5计算。

(四)围墙、花架高度不同,园路面层、基层、垫层厚度不同,均不可作换算。

(五)石假山主材材种不同可换算,但其耗用量不变。假山高度不同不作换算。

(六)不管砖骨架假山,钢骨架假山以及其他骨架假山,其耗用量均不作调整。

(七)峰石主材材种不同可换算,但其耗用量不变,高度不同也不作换算。

(八)附壁石主材材种不同可换算,但其耗用量不变。

(九)景墙以其墙体厚度,按立方米计算,石材材种不同可换算,但其耗用量不变,如遇磨光石板面(墙)维护,其人工乘以系数0.40,主材按括号内数据换算,辅材只计1:2水泥砂浆和5%其他材料费;机械台班耗用量不考虑。

(十)零星石构件(驳岸)主材不同可换算,但耗用量不变。主体高度在1.0m以内均不作换算,超过1.0m者,依据主体截面面积用系数方法调整。

(十一)零星石构件(树穴侧石等)主材不同可换算,但其耗用量不变。石材表面加工不同,不作换算。树穴侧石高度不同,不作换算。

(十二)零星石构件(花坛石等)主材不同可换算,但其耗用量不变。石材表面加工不同,不作换算。

(十三)池底(壁)维护。

主材不同可作换算,但定额规定的耗用量不变。

五、其他说明

本章定额项目除说明者外,消耗量均不作调整。

工程量计算规则

一、计算依据

(一)依据本章定额项目规定的工作内容,规格和计量单位确立费用计算项目。

(二)依据养护绿地内的实际存量,统计该养护工程实际工作量。

二、计算规定

(一)按建筑面积计算的工程量。

按园林绿化建设工程预算定额有关规定执行。

(二)按建筑垂直投影面积计算的工程量。

依据设计图纸最大尺寸(矩形)的投影面积计算。

(三)按立方米计算的工程量。

$V_{体}$ = 长 × 宽 × 高。

(四)按平方米计算的工程量。

1. 塑假山和景墙按表面面积以平方米计算。

2. 园桥面积计算:桥面宽度 × 长度。

3. 园路、广场地坪面积计算:长度 × 宽度。

4. 花架面积计算:按台基面积计取。如无台基,则双柱花架以柱外包宽度 × 长度,单柱花架以投影面积计取。

5. 雕塑及基座面积计算:以基座贴面展开面积计取。

6. 水池壁、池底面积,以展开面积计算。

指适宜用展开面积计算的零星花坛石等石构件以及零星塑石、松(杉)、竹等饰件。

(五)按延长米计算的工程量。

指适用于围墙、栏杆、侧石维护项目用延长米来计取。

指适宜用延长米计算的驳岸,树穴侧石等零星石构件以及零星塑松(杉)、竹等栏杆构件。

(六)按吨计算的假山工程量。

$$W_{重} = 长 × 宽 × 高 × 高度系数 × 容重$$

式中　$W_{重}$——假山工程量(t);

　　　长——假山的平面,矩形之长度;

　　　宽——假山的平面,矩形之宽度;

　　　高——假山的自然基础表面到最高点之高度;

高度系数——高度在 1.0m 以内其系数为 0.77,高度在 1~2m 以内其系数为 0.72,高度在 2~3m 以内其系数为 0.65,高度在 3~4m 以内其系数为 0.60,高度在 4.0m 以上其系数为 0.55;

参考容量——太湖石为 1.80t/m³,黄石为 2.0t/m³,斧劈石为 2.25t/m³,英石为 2.55t/m³;其他假山石容重,可参照以上相近容重计算。

(七)按总造价计算工程量。

本章中雕塑维护、其他塑件小品维护、树穴盖板维护等项目,其维护费用计算分别按不同材质及不同年限,在其总价(含费率)的基础上,乘以规定的维修率计取。

三、计量单位规定

(一)按建筑面积 10m² 为计量单位。

1. 内部建筑项目。

2. 对外建筑项目。

3. 古典建筑项目。

（二）按建筑投影面积 10m² 为计量单位。

牌楼维护项目。

（三）按展开面积 10m² 为计量单位。

1. 塑假山维护项目，景墙维护项目。

2. 花坛石维护项目。

（四）按 10m² 为计量单位。

桥、木栈桥维护项目，各式园路维护项目，花架维护项目，雕塑及基座维护项目，池底（壁）维护项目。

（五）按 10 延长米为计量单位。

围墙维护项目，栏杆维护项目，驳岸维护项目，树穴侧石维护等项目。

（六）按 10t 为计量单位。

石假山维护项目，峰石维护项目，附壁石维护项目。

（七）按总造价为计量单位。

雕塑、园椅、凳维护项目，垃圾箱（筒）维护项目，报廊、指示牌、告示牌、植物铭牌维护项目，树穴盖板维护等项目。

1. 建 筑 维 护

工作内容：检修屋面、门窗、内外墙乳胶漆、门窗梁柱等油漆、地坪检修。

定 额 编 号			5 - 1 - 1	5 - 1 - 2	5 - 1 - 3	5 - 1 - 4
项　　目		单位	普通建筑			
			办公用房	辅助用房	餐厅、展示用房	售票房等其他建筑
			10m²	10m²	10m²	10m²
人工	综合人工	工日	1.2501	1.9083	2.4422	1.4930
材料	水	m³	0.0047	0.0015	—	—
	水泥砂浆 1:2.5	m³	0.0028	0.0009	—	—
	107 建筑胶水	kg	0.5224	—	1.3433	0.4697
	白水泥 80°	kg	2.4587	0.6999	1.3981	2.2247
	地砖 300×300	m²	—	—	0.1483	0.1487
	调和漆	kg	0.2068	1.5365	1.4856	0.3337
	面砖 75×150	m²	—	—	—	0.3110
	乳胶漆	kg	3.6587	0.9723	1.8662	3.2892
	石膏粉特制	kg	0.0207	0.1540	0.1489	0.0335
	石灰砂浆 1:3	m³	0.0186	0.0105	0.0175	0.0022
	熟桐油	kg	0.0134	0.0770	0.0744	0.0167
	水泥砂浆 1:1	m³	—	—	0.0036	0.0104
	塑钢平开窗	m²	0.0519	—	—	0.0762
	一般木成材	m³	—	0.0001	0.0055	—
	圆钉	kg	—	—	7.2500	—
	中瓦 200×180	张	20.7432	11.6897	19.4234	24.5628
	其他材料费	%	5.0000	5.0000	5.0000	5.0000
机械	电动卷扬机单块 5t	台班	0.0418	—	—	—
	灰浆搅拌机 400L	台班	0.0008	—	—	—
	木工平刨机 450mm	台班	—	—	0.0100	—

工作内容:检修屋面、墙面、柱梁等构件油漆,检修门窗、栏杆、封檐板,检修花边滴水,检修地坪。

定 额 编 号		5-1-5	5-1-6	5-1-7	5-1-8
项　目	单位	古典建筑			
		亭	廊	楼、阁	水榭、房
		10m²	10m²	10m²	10m²
人工 综合人工	工日	4.1997	3.4292	4.2459	3.5861
材料 水	m³	—	0.0029	—	—
圆钉	kg	—	0.0002	—	—
107 建筑胶水	kg	0.0530	0.2859	1.7909	1.1922
白水泥80°	kg	0.2491	1.6171	1.6720	1.1130
调和漆	kg	4.8218	2.8535	5.5217	4.6464
方砖 400×400	100 块	0.0043	—	0.0040	0.0053
蝴蝶滴水瓦 200×200	100 张	0.0042	0.0063	0.0058	0.0049
蝴蝶花边瓦 200×200	100 块	0.0029	0.0044	0.0041	0.0034
黄砂 中粗	t	0.0045	—	0.0042	0.0055
乳胶漆	kg	0.3707	1.8057	2.4880	1.6563
石膏粉特制	kg	0.4832	—	0.5534	—
石灰砂浆 1:3	m³	0.0182	0.0202	0.0189	0.0197
熟桐油	kg	0.2416	0.1430	0.2767	0.2328
一般木成材	m³	0.0061	0.0083	0.0007	0.0015
油灰	kg	0.0292	—	0.0270	0.0360
中瓦 200×180	张	19.7190	21.7094	20.2432	15.6186
其他材料费	%	5.0000	5.0000	5.0000	5.0000
机械 电动卷扬机单块 5t	台班	0.0005	0.0005	0.0004	0.0001
灰浆搅拌机 400L	台班	0.0004	0.0003	0.0004	0.0001

工作内容:检修屋面、墙面、柱梁等构件油漆,检修门窗、栏杆、封檐板,检修花边滴水、检修地坪。

	定 额 编 号		5-1-9	5-1-10	5-1-11
			古典建筑		
	项　目	单位	厅、堂、轩	牌楼	塔
			10m²	10m²	10m²
人工	综合人工	工日	5.2053	1.5041	7.6980
材料	方砖 400×400	100 块	0.0061	—	—
	黄砂 中粗	t	0.0063	—	—
	油灰	kg	0.0412	—	—
	圆钉	kg	0.0002	—	—
	107 建筑胶水	kg	1.4465	—	0.5013
	白水泥 80°	kg	1.3505	—	2.3592
	调和漆	kg	6.1457	2.5066	8.4654
	蝴蝶滴水瓦 200×200	100 张	0.0036	0.0008	0.0050
	蝴蝶花边瓦 200×200	100 块	0.0026	0.0005	0.0035
	毛竹 周长 12"	根	—	0.3411	2.2566
	乳胶漆	kg	2.0097	—	3.5106
	石膏粉特制	kg	0.6159	0.2512	0.8484
	石灰砂浆 1:3	m³	0.0190	0.0305	0.0131
	熟桐油	kg	0.3080	0.1256	0.4242
	水	m³	—	—	0.0042
	水泥砂浆 1:2.5	m³	—	—	0.0025
	一般木成材	m³	0.0065	0.0016	0.0467
	中瓦 200×180	张	20.7072	35.5068	14.5440
	竹笆 2000×1000	m²	—	0.0341	0.1779
	其他材料费	%	5.0000	5.0000	5.0000
机械	电动卷扬机单块 5t	台班	0.0002	0.0001	—
	灰浆搅拌机 400L	台班	0.0002	0.0001	—
	木工平刨机 450mm	台班	0.0117	0.0001	0.0305

2. 小品维护

工作内容: 1. 混凝土构件清底、破损修补、刷涂料。

2. 钢构件表面清底、防锈漆、刷色漆、破损调换。

3. 检修基础、假山石黏结、沉降度、假山石修补、清扫垃圾、检修其他附属设施等。

定　额　编　号			5-2-1	5-2-2	5-2-3	5-2-4
项　目		单位	花架、廊		石假山	塑假山
			混凝土	钢结构		
			10m²	10m²	10t	10m²
人工	综合人工	工日	0.3770	1.3930	1.4256	0.6350
材料	803 涂料	kg	3.8095	—	—	—
	石膏粉特制	kg	0.6000	—	—	—
	抄油	kg	—	0.6809	—	—
	调和漆	kg	—	0.6809	—	—
	防腐硬木	m³	—	0.0095	—	—
	防锈漆	kg	—	0.1308	—	—
	清油	kg	0.4095	0.0887	—	—
	润油面腻子	kg	—	0.0739	—	—
	松香水	kg	—	0.1174	—	—
	圆钉	kg	—	0.0261	—	—
	钢混凝土平板	m³	—	—	—	0.0067
	湖石	t	—	—	0.1350	—
	花岗石 1380×300×400	m³	—	—	0.0135	—
	灰砂砖 240×115×53	块	—	—	—	30.24
	混合砂浆 M5	m³	—	—	—	(0.0540)
	块石大片 100~400	t	—	—	0.0134	—
	毛竹 周长14"	根	—	—	0.0351	—
	水	m³	—	—	0.0338	0.0338
	水泥砂浆 1:2	m³	—	—	—	0.0108
	水泥砂浆 1:2.5	m³	—	—	0.0067	—
	水泥砂浆 M5	m³	—	—	—	0.0101
	铁件	kg	—	—	2.0250	—
	现浇混凝土 C15	m³	—	—	0.0135	—
	现浇混凝土 C20	m³	—	—	—	0.0405
	一般木成材	m³	—	—	0.0005	—
	其他材料费	%	5.0000	5.0000	5.0000	5.0000
机械	汽车式起重机 5t	台班	—	—	0.0047	0.0076

工作内容:检修基础、假山石黏结、沉降度、假山石修补、清扫垃圾、检修其他附属设施等。

	定 额 编 号		5-2-5	5-2-6	5-2-7
	项 目	单位	峰石	附壁石	景石墙
			10t	10t	10m²
人工	综合人工	工日	2.3166	1.3171	1.8495
材料	湖石	t	0.1688	0.1620	—
	黄砂 中粗	t	—	0.0817	—
	水泥 42.5 级	t	—	0.0175	—
	水泥砂浆 1:2.5	m³	0.0405		—
	碎石 5~25	t		0.0189	—
	现浇混凝土 C15	m³	0.0135	—	—
	颜料(色粉)	kg	—	0.0675	—
	一般木成材	m³	0.0006		—
	圆钉	kg		1.3500	—
	光面花岗岩板	m²	—	—	(0.1377)
	水泥砂浆 1:2	m³	—	—	(0.0005)
	块石大片 100~400	t	0.0067	0.0270	0.2851
	水	m³	0.0338		
	水泥砂浆 M5	m³	—	—	0.0418
	其他材料费	%	5.0000	5.0000	5.0000
机械	汽车式起重机 5t	台班	0.0076	0.0003	—
	灰浆搅拌机 400L	台班			0.0076

工作内容:检修基础、坡体沉降、压顶完整,补缝、填土,设立警示牌等。

	定 额 编 号		5-2-8	5-2-9	5-2-10
	项 目	单位	零星石构件		
			驳岸	花坛石	树穴、道路侧石
			10m	10m²	10m
人工	综合人工	工日	0.1451	0.5315	0.3088
材料	钢钎	kg	—	0.0161	0.0094
	花岗岩 430×230×160	m³	—	0.0087	0.0050
	焦炭	kg	—	0.0273	0.0158
	砂轮片	片	—	0.0007	0.0004
	水泥砂浆 M5	m³	0.0257	0.0019	0.0011
	钨钢头	kg		0.0025	0.0014
	块石大片 100~400	t	0.1472	—	—
	水	m³	0.0019	—	—
	现浇细石混凝土 C20	m³	0.0024	—	—
	其他材料费	%	5.0000	5.0000	5.0000
机械	灰浆搅拌机 400L	台班	0.0003	—	—

工作内容: 巡查桥体沉降损坏情况、定期保洁、疏通泄水孔、检修桥面、接坡部分破损修补。

定额编号		5-2-11	5-2-12	5-2-13
项目	单位	园桥		
		石桥	钢筋混凝土	木桥、木栈桥
		10m²	10m²	10m²
人工 综合人工	工日	0.3007	0.1803	1.1128
材料 地板漆	kg	—	—	0.6570
防腐硬木	m³	—	—	0.0124
石膏粉特制	kg	—	—	0.1170
熟桐油	kg	—	—	0.0720
水泥砂浆 M10	m³	0.0036	—	—
803 涂料	kg	—	1.3775	—
大白粉 $CaCO_3$	kg	—	0.7840	—
水	m³	—	0.0131	—
水泥砂浆 1:2.5	m³	—	0.0040	—
素水泥浆	m³	—	0.0002	—
颜料(色粉)	kg	—	0.0050	—
羧甲苯维素(化学浆糊)	kg	—	0.0496	—
溶剂	kg	—	—	0.1120
调和漆	kg	—	—	0.8932
油性防锈漆	kg	—	—	0.6572
圆钉	kg	—	—	0.0680
其他材料费	%	5.0000	5.0000	5.0000
机械 木工平刨机 450mm	台班	—	—	0.0106
汽车式起重机 5t	台班	0.0020	—	—

工作内容:巡查栏杆破损情况,定期保洁,检修栏杆、扶正加固,栏杆面清底刷涂料、油漆。

定 额 编 号			5－2－14	5－2－15
项 目		单位	栏杆	
			混凝土	钢
			10m	10m
人工	综合人工	工日	0.7969	1.2148
材料	803 涂料	kg	2.1809	—
	镀锌铁丝 22#	kg	0.0082	—
	水泥砂浆 1:2	m³	0.0020	—
	一般木成材	m³	0.0014	—
	圆钉	kg	0.4032	—
	扁钢	t	—	0.0019
	成型钢筋	t	0.0030	0.0011
	电焊条 J422	kg	—	0.0785
	调和漆	kg	—	0.8459
	汽油	kg	—	0.0016
	溶剂	kg	—	0.0641
	现浇混凝土 C20	m³	—	0.0061
	一般焊接钢管	t	—	0.0011
	油性防锈漆	kg	—	0.6843
	草袋	只	0.7704	—
	水	m³	0.0059	—
	现浇混凝土 C25	m³	0.0211	—
	其他材料费	%	5.0000	5.0000
机械	插入式振捣器	台班	0.0036	—
	平板式振捣器	台班	0.0036	—

工作内容:清扫保洁、凿除破损、修补裂缝、缺损、伸缩缝修补等。

定 额 编 号			5-2-16	5-2-17	5-2-18	5-2-19
项 目		单位	园路广场			
			整体式混凝土面层	沥青面层	块料面层	花式园路
			10m²	10m²	10m²	10m²
人工	综合人工	工日	0.1960	0.0620	0.3416	0.1630
材料	粗粒式沥青混凝土 AC30	t	—	0.0524	—	—
	风镐凿子	根	0.0180	—	0.0162	—
	广场砖	m²	—	—	0.2862	—
	蝴蝶瓦 160×160×11	100 块	—	—	—	0.0742
	黄道砖 150×80×12	100 块	—	—	—	0.5792
	山砂	t	—	—	—	0.0243
	水泥砂浆 1:1	m³	—	—	0.0068	—
	素水泥浆	m³	—	—	0.0003	—
	细粒式沥青混凝土 AC13	t	—	0.0191	—	—
	现浇混凝土 C25	m³	0.0275	—	0.0275	—
	优质沥青漆	kg	—	0.0973	—	—
	重质柴油	kg	—	0.0096	—	—
	草袋	只	0.2196	—	—	—
	水	m³	0.0282	—	0.0127	—
	碎石 5～15	t	0.0425	—	—	—
	其他材料费	%	5.0000	5.0000	5.0000	5.0000
机械	风镐	台班	0.0169	—	0.0130	—
	光轮压路机轻型	台班	0.0003	0.0009	—	—
	机动翻斗车	台班	—	—	0.0020	—
	内燃空气压缩机 6.0m³	台班	0.0085	—	0.0065	—
	平板式振捣器	台班	0.0031	—	0.0031	—
	灰浆搅拌机 400L	台班	—	—	0.0012	—

工作内容:检修墙面起壳、龟裂和剥落,墙面清底刷涂料;修补钢构件破损,除锈刷色漆;检修压顶瓦、花边滴水;检修墙体、勾缝、刷涂料等。

定 额 编 号			5－2－20	5－2－21	5－2－22	5－2－23
项　目		单位	围墙			其他围墙
			砖砌	钢结构	古式	
			10m	10m	10m	10m
人工	综合人工	工日	0.9619	2.0654	1.1587	0.7161
材料	扁钢	t	—	0.0006	—	—
	成型钢筋	t	—	0.0069	—	—
	垫木	m³	—	0.0004	—	—
	调和漆	kg	—	0.6551	—	—
	角钢	t	—	0.0012	—	—
	汽油	kg	—	0.0035	—	—
	溶剂	kg	—	0.0922	—	—
	现浇混凝土 C25	m³	—	0.0061	—	—
	油性防锈漆	kg	—	0.6299	—	—
	蝴蝶滴水瓦 200×200	100块	—	—	0.0169	—
	蝴蝶花边瓦 180×180	100块	—	—	0.0169	—
	煤胶	kg	—	—	0.0162	—
	清油	kg	—	—	0.7011	—
	石灰砂浆 1:3	m³	—	—	0.2856	—
	小青瓦 160×160×11	100块	—	—	0.2185	—
	小青瓦 200×200×13	100块	—	—	0.1397	—
	803 涂料	kg	6.7133	4.2677	6.5215	4.9977
	石膏粉特制	kg	1.0573	0.6722	1.0272	0.7871
	纸筋石灰浆	m³	—	—	0.0051	—
	水	m³	0.0031	0.0019	0.0030	0.0023
	水泥砂浆 1:2	m³	0.0322	0.0205	—	0.0240
	羧甲荃维素(化学浆糊)	kg	0.7217	0.4588	—	0.5373
	其他材料费	%	5.0000	5.0000	5.0000	5.0000
机械	电动卷扬机单块 5t	台班	0.0069	0.0044	0.0094	0.0052
	灰浆搅拌机 400L	台班	0.0054	0.0034	0.0072	0.0040

3. 其他零星维护

工作内容:定期刷洗保洁、破损修补、结构检查、警示设置检查。

定　额　编　号		5 - 3 - 1	5 - 3 - 2	5 - 3 - 3	5 - 3 - 4
项　　目	单位	雕塑(金属)		雕塑(塑钢、玻璃钢)	
		5 年以内	5 年以上	5 年以内	5 年以上
		元	元	元	元
人工 综合人工	%	(40.0000)	(40.0000)	(40.0000)	(40.0000)
材料 按总价	%	2.0000	3.5000	3.5000	5.0000

工作内容:定期刷洗保洁;基座局部粉刷层和贴面破损、起壳,清底修补。

定　额　编　号		5 - 3 - 5
项　　目	单位	雕塑基座贴面
		10m^2
人工	综合人工	工日	0.1283
材料	白水泥 80°	kg	0.0360
	草酸	kg	0.0018
	大理石饰面板 1000 × 1000 厚 20	m^2	0.1818
	煤油	kg	0.0072
	普通黄铜丝	kg	0.0072
	清油	kg	0.0009
	铁件	kg	0.0612
	硬石蜡	kg	0.0049
	成型钢筋	t	0.0002
	溶剂	kg	0.0011
	水	m^3	0.0004
	水泥砂浆 1:2	m^3	0.0048
	其他材料费	%	5.0000
机械	电动卷扬机单块 5t	台班	0.0015
	灰浆搅拌机 400L	台班	0.0012

工作内容:巡查破损情况,定期保洁,检修加固,钢混凝土构件除锈、油漆刷面。

定 额 编 号			5 – 3 – 6	5 – 3 – 7	5 – 3 – 8	5 – 3 – 9
项　目		单位	钢材质		混凝土材质	
			5 年以内	5 年以上	5 年以内	5 年以上
			元	元	元	元
人工	综合人工	%	(40.0000)	(40.0000)	(40.0000)	(40.0000)
材料	按总价	%	3.0000	4.5000	2.5000	4.0000

工作内容:定期保洁、检修加固、破损修补。

定 额 编 号			5 – 3 – 10	5 – 3 – 11
项　目		单位	其他材质(含塑件)	
			5 年以内	5 年以上
人工	综合人工	%	(40.0000)	(40.0000)
材料	按总价	%	3.0000	4.5000

工作内容:扶正加固、破损修补调换、清洗保洁。

定 额 编 号			5 – 3 – 12	5 – 3 – 13	5 – 3 – 14	5 – 3 – 15
项　目		单位	树穴盖板(铸铁)		树穴盖板(塑钢)	
			5 年以内	5 年以上	5 年以内	5 年以上
			10m²	10m²	10m²	10m²
人工	综合人工	%	(40.0000)	(40.0000)	(40.0000)	(40.0000)
材料	按树穴盖板总价	%	2.0000	4.0000	3.5000	5.0000

工作内容:扶正加固、破损修补调换、清洗保洁。

定 额 编 号			5 – 3 – 16	5 – 3 – 17
项　目		单位	树穴盖板(混凝土)	
			5 年以内	5 年以上
			10m²	10m²
人工	综合人工	%	(40.0000)	(40.0000)
材料	按树穴盖板总价	%	2.5000	4.0000

工作内容:放水刷洗池壁、凿除破损面层、修补面层、保洁养护、补充水量。

定额编号		5-3-18	5-3-19
项目	单位	水池底壁	
		整体式	块料式
		10m²	10m²
人工 综合人工	工日	0.3575	1.1088
材料 白水泥80°	kg	—	0.1350
防水粉	kg	0.7834	—
水	m³	0.5130	0.0351
水泥砂浆 1:1	m³	—	0.0342
水泥砂浆 1:2	m³	0.0285	—
素水泥浆	m³	—	0.0014
贴马赛克面层	m²	—	1.3635
其他材料费	%	5.0000	5.0000
机械 灰浆搅拌机400L	台班	0.0035	0.0057

第六章　设备、设施维护

第六章 货币、政治与法律

说　　明

一、包括范围

本章定额包括设备维护、设施维护和其他零星维护等项目内容。

二、项目组成

本章定额共 3 节 45 个定额项目。其中：

第一节"设备维护"有 14 个定额项目,包括配电房设备、水闸、泵房设备、车辆设备、机具设备、消防设备、健身设备、其他设备等。

第二节"设施维护"有 13 个定额项目,包括给水系统、排水系统、电力、照明系统、广播、监控系统、制冷、供暖系统、能源费用(年费用)、其他设施等。

第三节"其他零星维护"有 18 个定额项目,包括园椅、凳、垃圾桶、报廊、告示牌、植物铭牌、指示牌、其他零星维护等。

三、综合说明

(一)各类设备维护、设施维护和其他零星维护等项目,除能源费用项目外,其余均按 5 年以内和 5 年以上两种情况设置。

(二)工程大修以后,各类设备、设施以及其他零星等项目其价值须重新评估,经评估后,维护率重新按 5 年以内计算,未作大修的工程,维护率仍按 5 年以上计算,不得调整。

四、项目说明

(一)设备维护项目。

1. 配电房设备:适用于配电房内各类设备的检修、保养。

2. 水闸、泵房设备:适用于水闸、泵房内各类设备的检修、保养。

3. 车辆设备:适用于除定额机械台班设备以外的,其他的各种吨位和动力的非经营性特种车辆设备的检修、保养。

4. 机具设备:适用于各类工机具设备的检修、保养。

5. 消防设备:适用于各类消防设备的检修、保养。

6. 健身设备:适用于各类健身设备的检修、保养。

7. 其他设备:适用于其他设备的检修、保养。

(二)设施维护项目。

1. 给水系统:适用于以各种材质、各种管径组成的地上和地下的专用供水管网,以及各种阀门、表具、龙头、喷淋装置等的维护。

2. 排水系统:适用于以各种材质、各种管径组成的专用雨水和污水排水管网,以及排水闸门、拦污栅等的维护。

3. 电力、照明系统:适用于各种规格的电线、电缆所组成的内部供电网和灯杆、照明灯具、开关、开关箱、表具、变压器、接线盒、连接件等的维护。

4. 广播、监控系统:适用于各种规格、各种材质组成的广播、监控线路和广播音响控制台、监控台以及广播音响、电脑终端、监控报警装置等的维护。

5. 制冷、供暖系统:适用于各种规格、各种材质组成的内部线路和制冷、供暖设施等的维护。

6. 能源费用(年费用):适用于非经营所需的能源费。

7. 其他设施:适用于各类非经营性其他设施的维护。

(三)其他零星维护项目。

1. 园椅、凳:适用于铁、石、木质等不同材质的园椅、园凳的维护。

2. 垃圾桶:适用于金属、非金属等不同材质的垃圾桶的维护。

3. 报廊、告示牌:适用于金属、非金属等不同材质的报廊、告示牌的维护。

4. 植物铭牌、指示牌:适用于金属、非金属等不同材质的植物铭牌、指示牌的维护。

5. 其他零星维护:适用于上述项目以外的其他零星项目的维护。

五、项目换算

本章定额除定额说明者外,消耗量均不作调整。

六、其他说明

(一)本章定额中设备、设施项目均以百分比计算维护费用,其中40%为人工费用,60%为维护材料费用。维护项目费用计算均采用以工程总价总额(含费率)为基础,乘以维护率计算。

(二)本章的能源费用采用按历年平均开支为基础形式计算。

工程量计算规则

一、工程量计算依据

（一）设备维护项目。

计算基础是该维护项目的工程总价。主要计算依据为该维护项目的设备购置费,如需安装的则加上安装费用,如设备购置与安装一体化的,则以竣工结算为依据。如缺乏购置凭证和竣工结算资料的,可用该维护项目的设备的固定资产原值为计算依据。

（二）设施维护项目。

计算基础是该维护项目的工程总价。主要计算依据为该维护项目的工程竣工结算投资额,如缺乏结算资料和工程总价,可用该维护项目的固定资产原值为计算依据。

（三）设施维护项目——能源费用（年费用）。

计算基础和依据为该项目前三年实际平均支付在项目范围内的水费、电费、燃气费、燃油费等各类能源财务开支费用。

（四）其他零星维护项目。

包括其他设备、其他设施项目,其计算基础为该维护项目的总造价。主要计算依据为该维护项目的工程竣工结算投资额,如缺乏结算资料和工程总价,可用该维护项目的固定资产原值为计算依据。

二、工程量计算规定

（一）按百分比费率计算的维护项目。

项目维护费用＝工程总价×百分比费率（％）。

（二）按支出数量计算的维护项目。

项目维护费用＝前三年能源费实际支出之和/3。

（三）按总造价计算的维护项目。

项目维护费＝总造价×百分比费率（％）。

三、计量单位规定

（一）以百分比（％）为计量单位。

设备维护项目、设施维护项目、其他零星维护项目。

（二）以元为计量单位。

能源费用（年费用）。

（三）以 10 为计量单位。

1. 以 10 只为计量单位。

园椅、凳;垃圾桶;其他零星维护。

2. 以 10m² 为计量单位。

报廊、告示牌。

3. 以 10 块为计量单位。

植物铭牌、指示牌。

四、其他规定

本章项目（除能源费用外）维护费用的计算基础均为项目的工程总价。项目在使用中进行的局部改造所产生的费用,均不得追加作为计算依据,若维护费用不够时,可申请专项更新改造费用,但更新改造当年不得计算维护费用。更新改造后的重新评估价值作为第二年的计算维护费用的依据。

1. 设备维护

工作内容：检修、保养各类配电房、水闸、泵房设备、设施。

定额编号		6-1-1	6-1-2	6-1-3	6-1-4
项目	单位	配电房设备		水闸、泵房设备	
		5年以内	5年以上	5年以内	5年以上
		元	元	元	元
人工 综合人工	%	(40.0000)	(40.0000)	(40.0000)	(40.0000)
材料 按配电房设备总价	%	3.0000	4.5000	—	—
料 按水闸、泵房设备总价	%	—	—	3.0000	4.5000

工作内容：检修、保养各类非经营性特种车辆、机具设备。

定额编号		6-1-5	6-1-6	6-1-7	6-1-8
项目	单位	车辆设备		机具设备	
		5年以内	5年以上	5年以内	5年以上
		元	元	元	元
人工 综合人工	%	(40.0000)	(40.0000)	(40.0000)	(40.0000)
材料 按车辆设备总价	%	3.5000	5.0000	—	—
料 按机具设备总价	%	—	—	2.0000	3.5000

工作内容：检修、保养各类消防、健身设备设施。

定额编号		6-1-9	6-1-10	6-1-11	6-1-12
项目	单位	消防设备		健身设备	
		5年以内	5年以上	5年以内	5年以上
		元	元	元	元
人工 综合人工	%	(40.0000)	(40.0000)	(40.0000)	(40.0000)
材料 按消防设备总价	%	3.0000	4.5000	—	—
料 按健身设备总价	%	—	—	2.5000	4.0000

工作内容：检修、保养各类其他设备、设施。

定额编号		6-1-13	6-1-14
项目	单位	其他设备	
		5年以内	5年以上
		元	元
人工 综合人工	%	(40.0000)	(40.0000)
材料 按其他设备总价	%	3.0000	4.5000

2. 设 施 维 护

工作内容: 检修和试水管道、连接管、调换阀门、龙头、喷淋装置、管道保护及保暖设施维护。

定 额 编 号		单位	6-2-1	6-2-2	6-2-3	6-2-4
项　目			给水系统		排水系统	
			5年以内	5年以上	5年以内	5年以上
			元	元	元	元
人工	综合人工	%	(40.0000)	(40.0000)	(40.0000)	(40.0000)
材料	按给水系统总价	%	2.5000	4.0000	—	—
	按排水系统总价	%	—	—	2.0000	3.5000

工作内容: 检修和调试线路、管道、表具、阀门、开关和开关箱、变压器、接线盒、连接件等,清洗、油漆灯杆、灯箱、灯具并修补缺损、检查、调换照明器具、排除故障。

定 额 编 号		单位	6-2-5	6-2-6	6-2-7	6-2-8
项　目			电力、照明系统		广播、监控系统	
			5年以内	5年以上	5年以内	5年以上
			元	元	元	元
人工	综合人工	%	(40.0000)	(40.0000)	(40.0000)	(40.0000)
材料	按电力、照明系统总价	%	3.0000	4.5000	—	—
	按广播、监控系统总价	%	—	—	3.0000	4.5000

工作内容: 检修、调试制冷、供暖的设备、内部线路和控制台排除故障、器械消毒等。

定 额 编 号		单位	6-2-9	6-2-10
项　目			制冷、供暖系统	
			5年以内	5年以上
			元	元
人工	综合人工	%	(40.0000)	(40.0000)
材料	按制冷、供暖系统总价	%	3.5000	5.0000

工作内容: 前三年能源费的平均数。

定 额 编 号		单位	6-2-11
项　目			能源费用
			前三年累计平均费用
			元
材料	能源费用(年费用)前三年累计平均值	元	

工作内容:检修、保养各类设施。

定额编号		6－2－12	6－2－13
项　目	单位	其他设施	
		5年以内	5年以上
		元	元
人工 综合人工	%	(40.0000)	(40.0000)
材料 按其他设施总价	%	3.0000	4.5000

3. 其他零星维护

工作内容:清底刷漆、检修破损,松动、扶正加固、清洗保洁。

定额编号		6－3－1	6－3－2	6－3－3	6－3－4
项　目	单位	园椅、凳(铁、石、混凝土)		园椅、凳(木质)	
		5年以内	5年以上	5年以内	5年以上
		元	元	元	元
人工 综合人工	%	(40.0000)	(40.0000)	(40.0000)	(40.0000)
材料 按椅凳总价	%	2.5000	4.0000	3.0000	4.5000

工作内容:清除垃圾、调换垃圾袋、松动扶正加固、金属面油漆、清洗保洁。

定额编号		6－3－5	6－3－6	6－3－7	6－3－8
项　目	单位	垃圾桶(金属)		垃圾桶(非金属)	
		5年以内	5年以上	5年以内	5年以上
		元	元	元	元
人工 综合人工	%	(40.0000)	(40.0000)	(40.0000)	(40.0000)
材料 按垃圾桶(金属)总价	%	2.0000	3.5000	—	—
按垃圾桶(非金属)总价	%	—	—	3.0000	4.5000

工作内容:金属面油漆,检修基础、松动扶正加固、清洗保洁。

定额编号		6－3－9	6－3－10	6－3－11	6－3－12
项　目	单位	报廊、告示牌(金属)		报廊、告示牌(非金属)	
		5年以内	5年以上	5年以内	5年以上
		元	元	元	元
人工 综合人工	%	(40.0000)	(40.0000)	(40.0000)	(40.0000)
材料 按报廊、告示牌(金属)总价	%	2.0000	3.5000	—	—
按报廊、告示牌(非金属)总价	%	—	—	3.0000	4.5000

工作内容：松动倾斜扶正加固，破损修补调换、清洗保洁。

定 额 编 号		6－3－13	6－3－14	6－3－15	6－3－16
项　　目	单位	植物铭牌、指示牌（金属）		植物铭牌、指示牌（非金属）	
		5 年以内	5 年以上	5 年以内	5 年以上
		元	元	元	元
人工　综合人工	%	（40.0000）	（40.0000）	（40.0000）	（40.0000）
材料　按植物铭牌、指示牌（非金属）总价	%	—	—	3.0000	4.5000
按植物铭牌、指示牌（金属）总价	%	2.0000	3.5000	—	—

工作内容：松动倾斜扶正加固，破损修补调换、清洗保洁。

定 额 编 号		6－3－17	6－3－18
项　　目	单位	其他零星维护	
		5 年以内	5 年以上
		元	元
人工　综合人工	%	（40.0000）	（40.0000）
材料　按其他零星维护总价	%	3.0000	4.5000

第七章　保障措施项目

第七章　饲喂与饲养　目录

说　明

一、包括范围

本章定额项目包括保洁措施、保安措施等项目内容。

二、项目组成

本章定额共 2 节 16 个定额项目。其中：

第一节"保洁措施"有 12 个定额项目，包括河道保洁，湖泊保洁，垃圾清理，广场、道路保洁，厕所保洁等。

第二节"保安措施"有 4 个定额项目，包括绿地专项巡视，绿地治安巡视，门卫设置（兼检票人员），售票人员设置等。

三、项目说明

（一）河道、湖泊保洁项目。

适用于绿地范围内河、湖、泊等水体保洁维护，同时适用于城市河道流经绿地水域内的水体保洁维护，以及自然水体保洁维护。

（二）广场、道路保洁项目。

仅有道路、广场保洁；绿化（地）内保洁已在园林植物日常养护项目中包括，不再单列，重复计算。

（三）厕所保洁项目。

适用于绿地内厕所的清洁、清扫人员的配备。但不包括属于管理层的环卫管理人员和收费厕所的管理、清扫人员，也不包括因临时需要所聘用的保洁人员。

（四）绿地专项巡视项目、绿地治安巡视项目。

绿地专项巡视适用于本定额第四章"其他绿化养护"的病虫害、野生资源等内容的巡视，绿地治安巡视适用于本定额第一章～第三章等级绿地养护范围内治安的巡视。

（五）门卫设置（兼检票人员）项目。

按实际需要和上级规定设置。适用于绿地的门卫（兼检票）人员。

（六）售票人员设置项目。

按实际需要和上级规定设置，适用于售票绿地的票务人员。

四、项目换算

（一）河道、湖泊保洁项目。

若两天一次清理垃圾、保洁，则乘以系数 0.5。以此类推。

（二）厕所保洁项目。

1. 厕所保洁（固定）项目：厕位 20 以上、30 以内，工、料乘以系数 1.30 换算；

2. 厕所保洁（流动）项目：厕位 8 以上、14 以内，工、料乘以系数 1.30 换算。

五、其他说明

本章河道、湖泊保洁项目中，未包括可能涉及的喷头、水下彩灯、喷泉设施等工作内容，若发生可参照本定额第六章"设备、设施维护"工程相关内容和规定，另行计算。

六、其他

（一）若发生垃圾场外清运费、垃圾处置费等费用，可按上年度的实际发生数量计算。

（二）厕所保洁若外包，可按合同规定另行计算费用，但不得重复计算相应的定额费用。

工程量计算规则

一、工程量计算依据

（一）依据本章定额项目规定的工作内容,规格和计量单位确立费用计算项目。

（二）依据养护绿地内的实际存量,统计该养护工程实际工作量。

二、工程量计算规定

（一）河道、湖泊保洁项目。

水面宽度的确定以河、湖岸的平均宽度为准。按河道、湖泊的平均宽度乘以长度,以面积计算工程量。

本项目以人工打捞水面垃圾为主,不管采用什么方式,均不作调整。

（二）广场、道路保洁项目。

广场、道路保洁区分每天清扫次数,按实际清扫区域以面积计算。

（三）厕所保洁项目。

厕所保洁区分每座（或处）厕所厕位数量（不分男女）,按实际保洁数量以"座（或处）"计算。项目中的材料均为低值消耗材料。水、电费用在本定额第六章"能源费用"项目中列支。

（四）绿地专项巡视项目。

不考虑机械费用,配备必要的小型设备作为工器具费用在管理费中列支。

（五）绿地治安巡视项目。

不考虑机械费用。

（六）售票人员设置项目。

窗口按高峰和低谷日平均开出窗口数量计算;票据费用列入管理成本支出,不予考虑。

（七）工程量计算其他规定。

垃圾清理项目的数量以去年发生的总量为准。

三、计算单位规定

（一）以 10000m² · 每天一次为计量单位。

河道、湖泊保洁项目。

（二）以 t 为计量单位。

垃圾清理项目。

（三）以 1000m² 为计量单位。

广场、道路保洁项目。

（四）以 10000m² 为计量单位。

绿地专项巡视、绿地治安巡视项目。

（五）以年（365 天）为计量单位。

厕所保洁项目。

（六）以处为计量单位。

门卫设置（兼检票人员）项目。

（七）以窗口为计量单位。

售票人员设置项目。

四、其他规定

治安巡视人员和保洁人员项目外包的,其费用按签订的合同另行计算,但不得再计算定额费用。

1. 保 洁 措 施

工作内容:清捞水面垃圾、漂浮物、植物残体,保持水面清洁、垃圾卸至指定地、水面巡视。

定 额 编 号		单位	7-1-1	7-1-2
项 目			河道保洁	
			河道宽(m以内)	河道宽(m以上)
			20	20
			10000m² · 每天一次	10000m² · 每天一次
人工	综合人工	工日	74.4966	62.0792
材料	材料费占人工费	%	10.0000	10.0000

工作内容:清捞水面垃圾、漂浮物、植物残体,保持水面清洁、补水,垃圾卸至指定地点、湖泊巡视。

定 额 编 号		单位	7-1-3	7-1-4
项 目			湖泊保洁	
			水面积(m²以内)	水面积(m²以上)
			10000	10000
			每天一次	每天一次
人工	综合人工	工日	124.1584	105.5362
材料	材料费占人工费	%	10.0000	10.0000

工作内容:收集垃圾、枯枝落叶、集中堆放、装车外运。

定 额 编 号		单位	7-1-5
项 目			垃圾清理
			t
人工	综合人工	工日	0.7800
机械	载重汽车4t	台班	0.0815

工作内容:路面清扫、保洁,垃圾集中堆放,检查广场、道路破损情况。

定 额 编 号		单位	7 - 1 - 6	7 - 1 - 7	7 - 1 - 8
项 目		单位	广场、道路保洁		
			每天清扫		
			一次	二次	三次
			1000m²	1000m²	1000m²
人工	综合人工	工日	40. 5515	67. 5980	89. 5345
材料	大扫帚	把	30. 4045	40. 4420	50. 4795
	夹垃圾的夹子	把	1. 0220	1. 3505	1. 6790
	铁锹	把	0. 2555	0. 3285	0. 4380
	小车	辆	0. 0365	0. 0365	0. 0730
	畚箕	只	0. 2555	0. 3285	0. 4380
	抹布	条	6. 0955	8. 1030	10. 1105
	其他材料费	%	5. 0000	5. 0000	5. 0000

工作内容:厕所保洁与消毒,厕所设备、设施保养。

定 额 编 号		单位	7 - 1 - 9	7 - 1 - 10	7 - 1 - 11	7 - 1 - 12
项 目		单位	厕所保洁(固定)		厕所保洁(流动)	
			10 厕位以内	10 厕位以上	8 厕位以内	8 厕位以上
			处	处	处	处
人工	综合人工	工日	237. 2500	365. 0000	292. 0000	438. 0000
材料	香皂	块	21. 8945	31. 6254	—	—
	长柄刷	把	5. 4695	7. 9004	5. 4695	7. 9004
	地板刷	把	5. 4695	7. 9004	1. 8232	2. 6335
	废纸篓	只	4. 5004	6. 5007	2. 2502	3. 2503
	洁厕精	瓶	109. 4891	158. 1508	54. 7445	79. 0754
	垃圾袋	只	1642. 5000	2372. 5000	821. 2500	1186. 2500
	抹布	条	16. 4250	23. 7250	10. 9390	15. 8009
	塑料水桶	只	0. 9034	1. 3049	0. 4435	0. 6406
	拖畚	把	5. 4695	7. 9004	5. 4695	7. 9004
	小扫帚	把	1. 8232	2. 6335	1. 8232	2. 6335
	畚箕	只	0. 4435	0. 6406	0. 4435	0. 6406
	其他材料费	%	5. 0000	5. 0000	5. 0000	5. 0000

2. 保 安 措 施

工作内容: 病虫害防治巡视、水面巡视、防火巡视、治安巡视、动植物资源调查等专项巡视工作。

定 额 编 号			7-2-1	7-2-2	7-2-3	7-2-4
项 目		单位	绿地专项巡视	绿地治安巡视	门卫设置(兼检票人员)	售票人员设置
			10000m²	10000m²	处	窗口
人工	综合人工	工日	7.8000	182.5000	456.2500	438.0000
材料	材料费占人工费	%	10.0000	10.0000	6.0000	6.0000

主 编 单 位：住房和城乡建设部标准定额司
　　　　　　住房和城乡建设部城市建设司
专业主编单位：上海市绿化和市容管理局
　　　　　　北京市园林绿化局
参 编 单 位：上海市绿化管理指导站
　　　　　　北京市园林科学研究院
　　　　　　上海市建筑建材业市场管理总站
　　　　　　重庆市城市管理委员会
　　　　　　西安市城市管理局
　　　　　　宁波市园林管理局
　　　　　　沈阳市园林局
　　　　　　武汉市园林和林业局
　　　　　　广东省建设工程标准定额站
　　　　　　河北省住房和城乡建设厅
　　　　　　银川市林业局
　　　　　　东台市园林管理局
　　　　　　哈尔滨市园林绿化办公室
　　　　　　南宁市林业和园林局
专 家 组：方　岩　　王磐岩　　王香春　　李梅丹　　许东新　　傅徽楠　　杨志华　　张亚红
综合协调组：赵泽生　　方　岩　　赵毅明　　王香春　　赵丽莉　　李梅丹　　许东新　　傅徽楠
　　　　　钱　杰　　翁铭雄　　孙晓东　　陈立民　　严　巍
编 制 人 员：马顺道　　许晓波　　王立中　　徐佩贤　　周　灵　　沈伟荣　　宋丽芳　　熊志福
　　　　　江　卫　　忻　苹　　李　娟　　杨嘉蓉　　宋东锦　　揭　俊　　王万兵　　姚士才
　　　　　许　超　　陈时进　　王　胜　　龙　皎　　樊建为　　卫天星　　汪淑萍　　舒晓玲
　　　　　项卫东　　崔桂华　　王　大　　曲曙宇　　王秀芬　　李俊正　　陈　瑜　　张新玲
　　　　　黄中广　　罗　宇　　林双毅　　朱卫荣　　杨　凌　　陈召忠
审 查 专 家：郎桂林　　石继渝　　陈　林　　张红标　　张　鑫　　汪一江　　张太群
软件操作人员：纪大勇　　徐佩贤　　熊志福